日本固有のサル

発情し、顔が真っ赤になったニホンザルのメス（左）。

尻ダコと短い尾。

ほお袋をもち、食べかけをいったん入れる。

ヤクシマザル。ニホンザルの亜種で、
体が少し小さく、毛が黒っぽい。

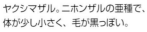

シデ類の堅果を食べるサル

アオハダの果実

ガマズミの果実

秋

ミズナラの堅果

ブナの堅果

クマノミズキの果実

オオウラジロノキの果実

春

メギの花

ヤマツツジの花

アオダモの葉

ケヤキの若葉を食べるサル

夏

ニガイチゴの果実

ヤマザクラの果実

冬

ヤドリギの果実

ヤマボウシの冬芽

シカとサルの島・金華山

サルが落とすサクラの葉と花を狙って集まったシカ。

ニガイチゴの葉を食べるサルと、生え替わって間もない袋角をもつシカ。金華山では、2種の動物の関係を間近で観察することができる。

与えるサルと食べるシカ

つながりの生態学

辻大和

地人書館

与えるサルと食べるシカ　目次

プロローグ

東北地方に、遅めの春がやってきた。うららかな光の中、満開のサクラが、時おり風に吹かれて枝を揺らす。ここは金華山島《きんかざん》。宮城県・牡鹿《おしか》半島の沖に浮かぶ、小さな島だ。

フィールドノートにメモをする手が止まり、私は目の前の光景に見入ってしまった。私が観察中のサルがいるサクラの木の下に、数頭のシカがどこからか集まってきて、サルたちが上から落とす葉や花を、奪い合うようにして食べ始めたのだ（図1）。視線を別の枝に移すと、一頭のシカがサルの幼獣――以降はコザルと呼ぶことにしよう――の重みで下がった枝先にパクッと喰いついた。シカが若葉のついた枝をぐいっと引きちぎると、コザルはしなった枝にはね飛ばされて地面に落ち「キャッ」と小さく叫んでおなかをポリポリとかいた。マンガのような展開に、私は思わず吹き出してしまった。サクラを食べ終えたサルたちが、木からスルスルと下りて移動を始めた。ついていこうと立ち上がると、私の急な動きに驚いたシカたちは、白い尾をぴんと立て、タタタッと走り去っていった。

「木の上で暮らすサルと地上で暮らすシカが植物を通じてつながっているなんて、面白いなぁ！」

私は、思わぬ発見に胸を躍らせた。

「シカにとって、サルは一体どういう存在なのだろうか？」

この日の観察が、私の現在の研究テーマ――種間のつながり――に興味をもつ一つのきっかけだったのは、間違いない。

図１　サルが落とすサクラの葉と花を食べるシカ。宮城県・金華山にて。（口絵 p.4）

当時、サルと他の動物、あるいはサルと植物など、生きものどうしのつながりに着目した研究は、日本のサルの研究者の間ではほとんど行われていなかった。日本のサル研究の歴史は長く、サルの暮らしについても、各地で地道な調査が行われてきた。でもそれは、群れのメンバーどうしがどのように交渉しているかを調べる、あるいは、成長に伴う行動の量的・質的変化を調べるという、サルそのものを対象としたものが大半だったのだ。

しかし、サルの暮らしは、彼らだけで成り立っているわけではない。サルには昆虫などの小動物を食べる捕食者としての一面、大型の猛禽類や野犬から命を狙われる被食者としての一面、そしてさまざまな寄生虫の宿主という一面がある。したがって、サルたちの暮らしは、他の動物の暮らしや生死と関わりをもつことになる。

いっぽう、サルたちが暮らす森林の植物種の構成や密度は、気温や積雪量などの物理的条件から影響を受けながら、サルたちの食べもの・使う場所・活動の時間配分に影響を与える。サルたちの栄養状態は、生死はもちろん、繁殖の成否に影響するから、植物との関係は、突き詰めて考えれば、サルの群れが存続できるかどうかを左右するだろう。生活環境は季節的にも年ごとにも変化するから、ある時点での最適な生活が、別の状況でも最適とは限らない。そのいっぽうで、サルは果実を食べるから、そのタネを遠くに運んで植物の分布拡大に影響しているかもしれない。サルと生物的・非生物的な環境との関係を調べることで、サルの暮らしがより明らかになり、また自然界における彼らの役割もわかるはずだ。「種間のつながり」。これが、私が専門とする生態学（ecology）のキーワードだ。

私は本書を通じて、みなさんに生態学的な視点の大切さを伝えたいと思っている。多くの研究者の努力により、生態系を構成する生きものどうしのつながりが多様なサービスを生み出していること、そして生態系のバランスの崩れが私たちの生活に様々な形で悪い影響をもたらすことが、次第に明らかになってきた。環境問題に関するニュースが毎日のように流れ、一九九二年の地球サミットをきっかけに「地球にやさしく」「生物多様性」といった言葉が市民権を得た。企業の活動には、その社会的責任として、環境への配慮が求められる時代になっている。しかし、新聞やインターネットで「生物多様性の消失」「生態系の保全」などの言葉を見聞きしても、それは熱帯雨林のような遠い世界の話であり、日本のような開発され尽くした国とは無縁のことだ、と考える人が多いのではないだろうか。

本書の主役は、ニホンザルだ。生きものどうしのつながりが、私たちの身の回りにふつうに存在することを知ってもらうには、日本人に馴染みの深い彼らに登場してもらうのが一番だろう。本書で「サル」といえば、とくに断りがない限りはニホンザルを指すことにする。サルには農作物を食い荒らす害獣としての一面があり、一部の農業従事者から厄介者扱いされている。そんな彼らの行動も、森林や田畑、そしてそこに暮らす人々との関係ととらえることができるから、本書で紹介する生態学の考え方は、サルから大事な作物を守る際のヒントになるかもしれない。そのいっぽう、サルに対してマイナスの感情をもつ人たちには、サルには豊かな森林を維持するという大切な役割があるということを知ってほしいと思う。

実は、私が本書を出した目的がもう一つある。私は本書を通じて、野生動物のことが好きな人、あるいは野外での調査に興味がある人に、動物の野外研究の実際や、研究の魅力を伝えたいと考えている。新しい事実が明らかになるまでに、どんな調査が必要とされるのか、また私たち研究者がフィールドや研究室でどんな生活をしているのか、世間ではほとんど知られていない。論文に掲載されている図表の一つ一つが、野外やラボでの泥臭い作業、そして私たち研究者の「知りたい!」という情熱から生み出されているということを、ぜひ知って欲しい。この本を読んだ若者が「フィールドワークって楽しそうだな」「自分もやってみたいな」などと考えて、私の研究室のドアをノックしてくれたなら、とても嬉しい。

1章　めぐり逢い

1・1　ピペットを双眼鏡に持ちかえる

一九九二年、高校受験を翌年にひかえた私は、生きものの勉強ができる学校を探していた。小さなころから動物が好きだったので、生きものに関わる仕事がしたいとずっと考えていた。大学、そして大学院へと進んで専門的な知識を学ぶというのが、生物関係の専門家を目指す標準的なコースだが、当時の私はせっかちだった。「生物＝バイオ」という単純な思い込みで、当時住んでいた富山県にあった工業高等専門学校（略して高専、ロボットコンテストで知られる）の生物系の学科に進学することにしたのだ。

入学後にわかったことだが――いや、受験前にちゃんと調べておけよという話だが――、高専で扱う生物はすべて、大腸菌・乳酸菌・酵母といった微生物だ。高専で学ぶ生物学とは、すなわち生物工学であって、研究室での作業は、試験管の培地に増えた乳酸菌を針でちょいと取って、吸光光度計で菌の増殖の程度を調べるとか、増えた菌を新しい寒天培地に植え替えるとか、実験室での作業がメインになる。この作業は嫌いではなかったし、廃棄物から有用な抗生物質をつくるという、与えられた研究テーマにはやりがいも感じていたが、目で見えない生きものに感情移入することはできず、迷った末に進路を変更することにした。高専には、卒業したあとに四年制大学の三年次に編入できる制度がある。私はこの制度を使って、大型の動物の研究ができる大学に進むことにした。高専の五年生になると、卒業研究を進めながら、夏の編入試験に向けて勉強を始めた。一般生物学はほとんど独学で、不安もあったが、東京大学農学部の畜産学科にもぐり込むことに成功した。

私が上京したのは、一九九八年の春のことだった。生物の知識に飢えていた私にとって、大学での講義は楽しかったが、東京の繁華街は、田舎者には刺激が強すぎた。一年後には、私の行動範囲は、当時は比較的田舎らしさが残っていた上野界隈と、神田・神保町の古書街周辺に限られるようになった。古書店で動物の本を買い求め、お気に入りの喫茶店でそれを読むというのが、私の週末の定番の過ごし方になった。とはいえ、完全なインドア派だったわけではない。生きた動物と関わる機会を増やそうと考えて、都内の動物園で活動していた解説ボランティア（東京動物園ボランティアーズ）の募集に申し込んだ。この団体は、動物園ボランティアとしては日本で最も古い歴史をもち、ゾウ、パンダ、カバなど、グループごとに日替わりでいろいろな動物の解説を行っていた。この団体での活動を通じて、動物のことを勉強しようと考えたのだ（図2）。

解説ボランティアの研修期間中、研修生は、各グループの活動を自由に見学できることになっていた。とはいえ、平日は大学の講義やアルバイトがあるから、時間が空いているのは木曜日だけ。この日は、上野動物園でサル山ガイドの活動があるという。正直に告白すると、当時、私はサルにほとんど興味がなかった。サルはうるさいというイメージがあったから、むしろ嫌いな部類だったかもしれない。

サル山ガイドのグループ（木曜班）のメンバーは気さくな人が多く、口下手な私でもすぐになじむことができた。木曜班は、教科書的な解説よりも、サル山の住人の個性の解説に力を入れているという点で、他のグループとは一線を画していた。驚くべきことに、メンバーの多くが、四〇頭近くいるサル山の住人を個体識別できたのだ。

先輩の永井和美さんの手ほどきで、まずは特徴のある住人から覚えてみる。

「ほら、右目の横に大きなイボがあるのがローズ、あっちの白っぽいのがカメラで……」

はじめはキィキィうるさいだけだと思っていたサルだが、個体の識別がある程度できるようになると、親子関係や交友関係が少しずつわかってきた。「ギャー」と悲鳴を上げる個体はごく一部だし、鳴くときには彼らなりの事情があるらしい。サルの群れは、均質な個

図２　来園者にサルの解説をするボランティア。東京・上野動物園にて。

体の寄せ集めではなく、個性あふれる住人の集合体だったのだ。

「サルって、面白い！」

解説ボランティアとして正式に採用されると、私はもちろん、木曜日をメインに活動するようになった。やがて、ボランティアの活動時間だけでは物足りなくなり、動物園の飼育スタッフと交渉して、開園前にサル山を観察する許可をもらった。開園時間になると上野公園を出て大学のある本郷までてくてくと歩き、一限の講義に出る、という生活を始めたのである。

「決めた！　研究するなら、絶対サルだ！」。

1・2　金華山のサル、そして高槻先生との出会い

「今度、野生のシカの調査に行くんだけどさ、辻君ちょっと手伝ってくれるかな？」

休み時間に先輩に誘われたのは、単位が足りずに留年し、二回目の三年生をしていた、一九九九年の夏のことだった。

「それで、場所はどこですか？」

「金華山っていう島だよ」

実は数年前、両親が仕事の関係で宮城県石巻市に引っ越していたのだが、どうやら金華山は、このエリアにあるらしい。そこで、帰省を兼ねて、この先輩（霜田真理子さん）の調査の手伝いに行くことにした。その後何度も通うことになるこの島に、私はこうして出会った。

野生動物の調査は初めてで、そもそも何も持っていけばいいのか、見当がつかない。大きなボストンバッグを肩にかけ、スニーカーとジーンズといういでたちで島に入ったが、これが大失敗。重いバッグはブラブラと振れて歩きにくく、少し歩いただけで息切れした。汗でぬれたジーンズは歩きにくく、ぬかるみに足を取られてスニーカーがあっという間に泥だらけになった。ちらりと横を見れば、霜田さんは背中いっぱいもある大きなザックを背負い、登山用のパンツと頑丈そうな山靴を履いている。そうか、野外調査ではきちんとした装備が大切なんだ。

霜田さんは、この島のシカの採食行動について研究していた。折りたたみ式の椅子に座って、観察対象のシカが草を一分間に噛む回数を数え、彼らの食べものとなる草の刈り取りを行った。炎天下での作業はなかなか大変だったが、調査の合間に食べるアイスクリームはおいしかった。

シカを観察している私たちの近くに、若いオスザルがひょっこりと現れた。距離は二〇メートルといったところか。私が野生のサルを見たのは、実はこの時が初めて。出発前の下調べで、この島にサルがいるのは知っていたが、この近さは驚きだ。翌日、ちょうど島にサルの調査に入っていた小山陽子さん（宮城教育大学、カッコ内の所属はいずれも当時）にお願いして、観察に同行させてもらうことにした。

シカの調査では、なわばりの場所に行けば彼らを見つけることができるが、サルは山をふらふらと歩き回るから、調査は山歩きが主になる。一体どこを歩いているのか、私はすぐにわからなくなり、置いていかれないように小山さんに付いてゆく。歩き始めて三〇分もたったころ、彼女はサルを見つけ出した。私たちはサルから一〇メートルほど離れて後を追う。動物園のサル山ではサルを見失うことは絶対にないけれど、野生のサルは動きが速く、ついていくのが大変だ。それに、なかなかこちらを向いてくれないから、個体識別には時間がかかりそうだな……。

木にするすると登って果実をほおばる。キノコを引きちぎり、カサの部分を一口食べる。クモの巣からクモをつかまえて口に入れる。日当たりのいい尾根にやってくると、ゴロンと横になって目を閉じる。半日ほどの観察で、私はさまざまな行動を見ることができた。ここのサルたちは、動物園のサルに比べて行動のバラエティが豊かで、全体に活き活きしているように、私には思えた。観察が終わり、お礼を言って帰ろうとしたとき、折から風が吹き、体臭と糞の混ざった、独特なサルの香りが私の鼻をくすぐった。こんな近くでサルと一日を過ごせるなんて、金華山は何といい場所なのだろう。

この夏、私にはもう一つの出会いがあった。後の恩師となる高槻成紀《たかつきせいき》先生（東京大学）だ。当時の高槻研究室は、東京大学農学部の中でほぼ唯一、大型哺乳類の研究ができるラボだった。研究対象は金華山島のニホンジカを中心に、北海道のヒグマ、アカネズミ、スリランカのアジアゾウとさまざまで、この研究室の学生は、調査のために全国各地、いや世界中を飛び回っていると、霜田さんから聞いていた。その高槻先生が、霜田さんの調査の応援に来るというので、話を聞いてもらうことになったのだ。

山小屋でお茶をいただきながら、高槻先生に私の希望を伝えた。

「ふぅん……、サルが研究したいのか。ただ、サルはもういろいろなことが調べられているから、難しいね……。ま、やる、やらないはともかく、うちの研究室に入るのはかまわないけど」

ぶっきらぼうな口調でこう言われ、その後はひたすらシカの話題が続いた。応援してくれているのか、私に興味がないのかよくわからないが、眼鏡の奥の細い眼が、シカの話をするときだけは大きく開いてキラキラと輝いた。研究好きな人ではあるらしい。

このときのお話の中で、高槻先生が、シカそのものというよりは「シカと植物」という視点で研究しているという点が、私の興味を引いた。先生によれば、金華山のシカは他地域よりも生息密度が高

図3
a) 金華山の森林。ブナ（*Fagus crenata*）とハナヒリノキ（*Leucothoe grayana*）が優占する、独特の景観である。シカの影響で若い木が育たない。
b) 金華山のシバ草原とシカ。

く、彼らに芽や若木が食べつくされ、林を構成するような高木に育つことが難しくなっているという(図3a)。

いっぽう、メギやサンショウなど、鋭いとげを持つ植物や、シキミのような毒をもつ植物が島内で繁茂している。

「アザミもそう。この島のアザミは、シカに食べられないように他の地域のアザミよりも鋭いとげを発達させているよ」

なるほど、だからズボンに刺さるとあんなに痛いのか……。

さらに、シカに食べられることで逆に成長が良くなる植物もあるという。中でもシバは島内で分布を広げ、島の一角に草原を形成している(図3b)。

「つまりシカは、この島の生態系のキーストーン種ということだよ」と先生。キーストーン種とは、生態系の「要石《かなめいし》」となる種のこと。シカの存在は他の多くの生物に広く影響を与えているから、金華山の生態系の主《ぬし》はシカということになる。動物の研究とは、対象の動物を観察することだと思い込んでいた私にとって、先生のアプローチはとても新鮮だった。

1・3 研究へのとびら

学部三年生は、後期になると学科の研究室を順番に回って見学し、翌年度の所属研究室を決めることになっていた。本郷キャンパスのはずれにある、東京大学総合研究博物館にある高槻先生の研究室のドアをノックしたのは、一九九九年の秋のことだった。

「前にも言ったと思うけど、僕の専門はシカだからね」

私が希望した、サルの社会行動に関する研究テーマを、高槻先生はあっさりと却下した。しかし先生は、がっかりした様子の私に、「シカがたくさん暮らしている金華山で、サルの土地の使い方を調べる、というテーマはどうだい?」と提案してくれた。最初の目論見は外れてしまったが、このテーマなら、自然の中でサルと一日中過ごせるかも。

「じゃあ、それでやります」

「わかった。正式な研究室配属は四月からだけど、それまでうちのゼミに自由に出入りしていいから」

「ありがとうございます!」

こうして次の春から、私はサルの研究を始めることとなった。

先輩たちに混ざっての初めてのゼミ。専門用語が続出し、時には厳しいコメントが飛び交う。議論についていくのがやっとだったが、研究の雰囲気を感じるには十分な、熱い時間だった。ゼミ後に、大学の近くの居酒屋に連れて行ってもらい、お酒の入った先輩たちが、調査中のエピソードを楽しそうに話すのを聞くのも楽しかった。あと半年で、自分もこの仲間に加われるのだと思うと、ワクワクした。

私が研究の厳しさを思い知るのは、それから数年後のことである。

フィールドワーカーの七つ道具

実験室での研究と異なり、野外調査では、必要な機材をザックに詰めて調査にもっていかなければならない。初の野外調査で大変な目に遭った私は、この後、少しずつ装備をそろえていった。しかし、あまり重いと山歩きが大変になるから、手荷物の選択には、いつも悩まされる。以下、これまでの経験から「これは欠かせない」というアイテムを紹介しよう（図4）。

①フィールドノートとペン――サルの行動を記録するために必須の道具だ。私はいつも、コクヨ製の測量野帳とノック式のボールペンを使っている。表紙が分厚くて片手に持ったままメモができるし、ポケットに突っ込むことができるので、持ち運びが楽なのだ。大学院時代、調査項目をあらかじめ印刷したデータシートを使ったこともあるが、この方法には想定外のイベントを記録したり、ちょっとしたアイディアをメモしたりできないという欠点がある。たとえデータの整理に時間がかかっても、フィールドノートにすべて書きつけるのが一番よい、というのが私の持論だ。フィールドノートの最後のページには、先輩方がつくったサルの個体識別表（図27参照）を貼っておき、個体の確認に使う。

②双眼鏡――サルの名前や植物種を確認したり、離れた場所にいるサルの行動をチェックしたりする際に必須のアイテム。あまり大きいと重くて首が疲れてしまうし、移動中に岩にぶつけてしまうから、私は重さ二五〇グラム、倍率一〇倍程度の、小型の防水モデルを使っている。少々値は張るが、多少の

雨でもレンズが曇らない優れものだ。

③ 腕時計——行動観察の際、時間の確認に必要。インターバルのアラーム機能がついている機種だと、サンプリングの時間を「ピピッ」と知らせてくれるので便利だ。

④ GPS（全地球測位システム）の端末——サルや自分の位置を記録するために使う。私はガーミン社（Garmin）の携帯モデルを使っている。調査中にバッテリー切れにならないように、私はいつも寝る前に予備のバッテリーをザックに入れることにしている。

⑤ サンプル採集セット——植物を切り落とすための剪定バサミと、集めた植物や拾った糞を入れるためのチャック袋。学生時代から使っている製品は、しっかり密封できるから、糞など匂いが強いものを入れても大丈夫。チャック袋に情報を書き込むために、油性のサインペンも入れておくとよい。

⑥ デジタルカメラ——調査中に見かけた知

図4　調査の七つ道具。総重量は2～3キロになる。これらを詰めたザックを背負ってサルを追う。

らない個体や、観察対象のサルの面白い行動、珍しい植物を見かけたとき、私はとりあえずシャッターを押すことにしている。良い写真を撮るために大型の望遠レンズを持っていくこともあるが、その日は写真撮影に専念する。

⑦懐中電灯あるいはヘッドランプ——夜道を歩くための必需品。

⑧雨具——調査中に雨に濡れると気が滅入ってしまうので、雨合羽をお守り代わりに入れておく。防水加工されたものがおすすめだ。傘は手がふさがってしまうので、サルの行動観察には不向きだ。

これらの機材に加えて、お弁当と飲み物、そしてお菓子をザックに入れる。調査仲間には、弁当箱を持参して、ご飯とおかずをつめる人もいるが、私はもっぱら、ご飯にふりかけをしただけの大きなおにぎりをラップに包み、ザックに放り込むようにしている。夏は日が長く、サルも長距離を移動するため、水分補給は不可欠だ。水筒のお茶だけでは足りないので、調査の行き帰りに自動販売機でジュースを買うことも多い。

金華山は急斜面が多く滑りやすい。怪我を防ぐには、しっかりした服装が必要だ。山歩き用のジャケットと調査ズボン、スパッツをつけた山靴、汗拭き用のタオル、そして熱中症防止のためのサファリハットが基本だが、寒い冬には防寒用の下着とセーター、マフラー、手袋がこれに加わる。この島にはトゲ植物が多いため、サルを追って山を歩いていると、すぐにすり傷だらけになる。おろしたての調査ズボンをサンショウのトゲに引っかけて破ってしまい「あぁ……!」と悲しい声を上げたことは、一度や二度ではなかった。

2章　サルってどんな動物？

研究室に仮配属となった私に、高槻先生は「卒業研究が始まるまであと半年ある。それまでに、研究対象のサルのことをしっかり勉強しておきなさい」と、参考資料を紹介してくれた。研究室によっては、最新の論文だけを読めばよい、というところもあるそうだが、古典的な論文も読んで研究の歴史的な側面を理解すべき、というのが、高槻先生の教育方針だった。動物園で一年ほどサル山の観察をしただけの当時の私には、サルの知識はまだまだ足りなかった。私は、先生が紹介してくれた資料を手始めに、サルの基礎生態に関する論文や書籍を取り寄せて、サルの一般的な事柄についての勉強を始めた。本書で取り上げるサルの話題のベースとなる情報なので、本章ではこの時に学んだ、生物としてのサルの特徴を紹介しよう。

2・1　霊長類とは

サルが属するグループ、霊長類のことを英語でPrimatesと言う。prime-の語源は「重要な・一番の」という意味のラテン語だ。「プライムタイム」「プリマドンナ」という言葉を、みなさんも聞いたことがあるはずだ。それぞれ「テレビで看板番組が並ぶ——つまり視聴率を一番稼げる——時間帯」「オペラ・バレエの花形女優」という意味がある。現在使われている学名のシステムを考えたカール・

図５　世界の主な霊長類。a) 原猿類（キツネザル）。b) 原猿類（ロリス）。c) 広鼻猿類（マーモセット）。d) 狭鼻猿類（コロブス亜科）（リーフモンキー）。e) 狭鼻猿類（オナガザル亜科）（ヒヒ）。f) 類人猿（オランウータン）。g) ヒト

フォン・リンネは、哺乳類の中で最も格式の高い動物、くらいの意味で、このグループに prime- の語を充てたのだろう。霊長類には、体重一〇〇グラム程度のマーモセットから、数百キロのゴリラまで、二〇〇〜三〇〇種がいる（図５）。私たち人間も、ヒト（*Homo sapiens*）という学名をもつ、霊長類の一種だ。

霊長類は、長い足も、空を飛ぶ翼も、長距離を泳ぐヒレももたないが、代わりに立体視のできる目、物をしっかりとつかめる手と器用な指先、そして大きな脳をもつ。これはいずれも「樹上」という、他の哺乳類がそれまで利用し

図6　ニホンザル（*Macaca fuscata*）。

ていなかった空間を効率よく使うために進化した形質だ。木と木の間を飛び移るには立体的な視覚が必要だし、本来歩行のための器官である前足に、枝をつかむという役割が与えられ、脳は立体的な空間情報を処理するために大きくなったと考えられている。特殊な形態を持たないゆえの柔軟性の高さ、そして知能の高さが、やがて高度な社会や技術を発達させ、地球環境さえ改変する力をもつ究極の霊長類、ヒトを生み出す原動力になったのだろう。

2・2　スノー・モンキー

ニホンザルは、生物学的には霊長目・オナガザル科・マカク（*Macaca*）属に分類される（図6）。学名を*Macaca fuscata*といい、この名前には「褐色のマカク」くらいの意味がある。マカク類は、霊長類の中では比較的地上性が高く、また生息環境に対するこだわりはそれほど強くない。そのため、自然林だけでなく植物のまばらな乾燥林、人の手の入った森林（二次林という）、そして市街地にさえ暮らすことができる。ヒンズー教では、霊長類は神のお使いとして大切にされ、また仏教は動物の殺生を禁じているため、アジアの寺院では、たいていマカク類が境内をわが物顔で走り回っている（図7）。マカク類のたくましさを評して「雑草のような動物」と呼ぶ研究者もいるほどだ。多くの霊長類が絶滅の危機に瀕する中、生息環境に対する高い適応能力を身につけたマカク類は、アジアの広い範囲に分布する、繁栄したグループとなっている。

ニホンザルは、その名が表す通り、地球上で日本にしか分布しない霊長類だ。本州・四国・九州の主要三島と周辺の島々に分布し、また海岸地域から森林限界を超える高山地域まで、多様な環境に暮らしている（図8）。世界自然遺産として有名な、鹿児島県・屋久島に生息するヤクシマザルもニホンザル

図7　ヒンズー教の寺院でのんびりくつろぐカニクイザル（*M. fascicularis*）。インドネシア・バリ島ウブドにて。

に含まれるが、彼らは他の地域のサルに比べて毛が黒っぽく、顔つきが若干異なるため（図9）、亜種（*M. f. yakui*）とされている。

日本国内には、少なくとも数十万頭のサルが生息しているようだが、正確な頭数はいまだに不明である。何度か推定が試みられたが、サルの生息地には険しい山岳地帯や豪雪地帯など、調査が難しい場所が多いため、大まかな推定に頼らざるを得ないのだ。生息個体数には地域差が大きい。たとえば

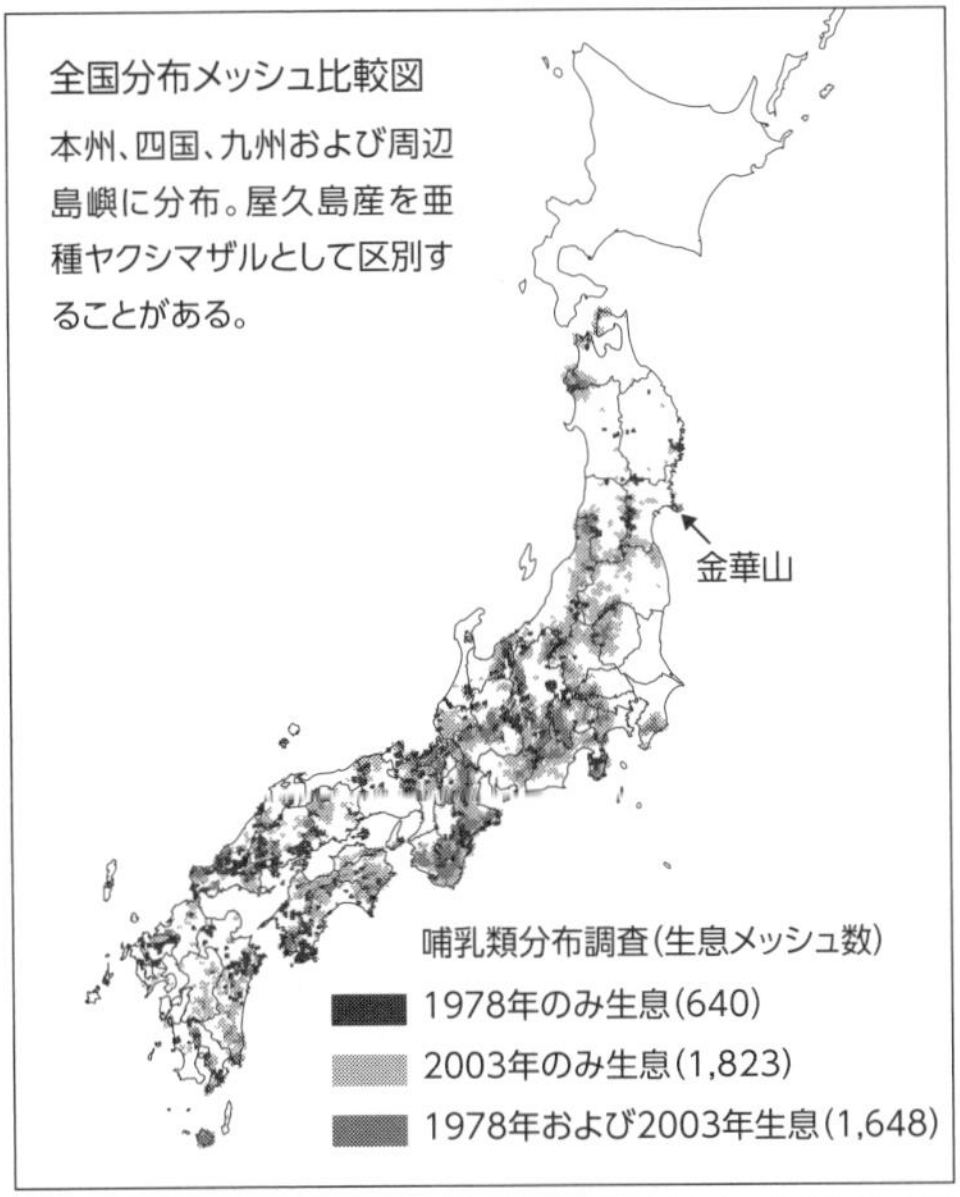

図8　現在のサルの分布。本書に登場する主な調査地である金華山の場所もあわせて示した。出典：環境省自然環境局生物多様性センター（2004）

図9　ヤクシマザル（*M. f. yakui*）。本土のサルに比べて毛が黒っぽく、顔つきも若干異なる。

東北地方では過去に盛んに狩猟された影響でサルが少ないのに対し、中部山岳地帯では多い。長崎県や茨城県など、サルがまったく分布しない県もある。

サルはもともと大陸にルーツをもち、彼らの祖先は約四〇～五〇万年前（地質時代では中期更新世と呼ばれる）に朝鮮半島を経由して日本列島に入ってきたと考えられている。この時代、列島の南にトカラ海峡があったため、サルは琉球諸島には分布を広げることができなかったようだ。いっぽう、この時代に北海道地域にサルがいたという証拠は、まだ見つかっていない。ゆえに、屋久島が現在のサルの分布の南限に、そして青森県・下北半島が分布の北限になっている（下北半島のサルは、ヒトを除けば世界の霊長類の中で最も北に暮らす個体群でもある）。サルの祖先は日本列島に渡ったあと、氷期と間氷期を何度か経験した。サルの分布はそのたびに縮小と拡大を繰り返し、最終的に現在見られる分布に落ち着いたらしい。

多くの霊長類が熱帯・亜熱帯地域に生息する中で、サルの生息地は温帯地域が大部分を占めるという点でユニークだ。温帯地域の特徴は四季があること、つまり気候が季節的に変わることだ。とくに、冬は気温が低く雪が降り、サルにとって過酷な季節となる。自分たちの国にヒト以外の霊長類がいない欧米人にとって、雪の中で暮らすサル（snow monkey）は珍しいようだ。長野県にある地獄谷野猿公苑は、サルが温泉に入ることで有名だ。冬になると、雪の中で湯船につかるサルを一目見ようと、海外から大勢の観光客がやってくる。

2・3　からだの特徴

サルは体長が約五〇～六〇センチ、体重が約八～一五キロと、霊長類の中では中型だが、その体格には種内変異が大きく、寒冷な地域に暮らすサルほど体が大きい傾向（ベルグマンの規則という）がある。さて、サルの形態的な特徴を、いくつか紹介しよう。

一つ目は、ほお袋をもつことだ。サルたちは、一度に食べきれないとき、あるいは食べている最中に自分より強い個体が近づいてきたとき、食べかけをいったんほお袋に入れてその場を離れ、あとで取り出して食べる（図10）。

二つ目は、尻ダコをもつことだ。尻ダコは、木の枝や岩の上など、硬い場所に座るときのクッションになる（図11）。栗のイガを割るためにこれを使う、というのは俗説だ。私は以前、道の真ん中で行き倒れて死んでいたオスザルの尻ダコに触ったことがある。手触

図11　サルの尻ダコと短い尾。

図10　サルのほお袋。

図12　カニクイザル。インドネシア・パガンダラン自然保護区にて。

りは、例えるなら硬めのゴムパッドだろうか。

三つ目は、長い毛をもつことだ。図6のニホンザルと、熱帯に生息する近縁種、カニクイザル（図12）の写真を比べてみよう。カニクイザルに比べ、ニホンザルの毛はふさふさとしている。ニホンザルの長い毛の内側には、短い毛が密に生えている。ジャケットの下にセーターを着こんでいるようなものだ。ときどき「温泉に入ったサルは湯冷めしないのですか」という質問を受けるが、びしょ濡れなのは外側だけで、内部までは濡れていない。入浴後に体をブルブルッと振れば、水滴は弾き飛ばされるから、どうぞご安心を。

四つ目は、尾が短いことだ。童謡「アイアイ」で「しっぽの長い――♪」と歌われているから、サルの尾が長いと思っている人が多いが、アイアイはマダガスカル島にだけ生息する原始的な霊長類で、ニホンザルとは別種だ。ではサルの尾はどうかというと、せいぜい一〇センチ程度（図11）。マカク類の中でも、ニホンザルの尾の短さは際立っている。寒冷な日本で生き抜くためには、熱が奪われやすい、長い尾は不要だったのだろう。なお、「ニホンザルの絵」というお題に対して、クルクルと巻いた尾のサルを描く人がいるが、これも誤り（図13）。霊長類の中でこのような尾をもつのは、中南米に生息するクモザルの仲間だけだ。

2・4 群れ生活

サルは、複数のメスと複数のオス、そして彼らの子供たちからなる群れ（複雄複雌群という）で生活する。群れを構成する個体は三〇〜五〇頭ほどだが、餌付けされた群れでは一〇〇頭を超えることもある。サルの群れの特徴は、血縁関係にあるメスが群れの核になるということだ。つまり、ある群れのメスたちは、姉妹、叔（伯）母と姪、祖母・母親・娘などの関係にある。対照的に、群れのオスの多くはよその群れからやってきた個体で、群れのメスと血縁関係にない。したがって、群れのオスどうしのつながりは弱く、また群れに対する執着もさほど強くない。群れのオスは、他の群れから食べものを守るために一時的に雇われた、用心棒のようなものだろう。

図13　宮崎県・幸島付近で見かけた案内板。ここに描かれたイラストは誤りだ。ニホンザルの尾は短いし、クルクル巻いたりしない。

霊長類のすべてが、サルと同じような群れで暮らすわけではない。たとえばオランウータンは群れをつくらず、交尾期だけオスとメスが一緒に行動する。テナガザルはオスとメスがペアをつくって暮らす。彼らの社会は鳥類のそれと似ているかもしれない。コロブス類（リーフモンキー）やグエノン類（アフリカ産のオナガザル類）、そしてゴリラは、一頭のオスと複数のメスから構成される、いわゆるハレムをつくる。変わりだねとして、中南米に生息するマーモセットの仲間は、一頭のメスと複数のオスで群れをつくる複雄単雌の群れを、そしてマントヒヒやゲラダヒヒは、一頭のオスと複数のメスで構成される小さな単位集団（ＯＭＵ）が複数集まった、大きな群れをつくる。ヒトで例えるなら「家族」が複数集まって「集落」をつくっていると考えればよい（図14）。

なぜ、多くの霊長類は群れで生活するのだろうか。「限りある食物資源を効率よく守るため」というのが、有力な仮説だ。メスが子を産み、育てるには多くのエネルギーが必要だが、エネルギー源となる食べものを確保するには、広い範囲を歩き回る必要が

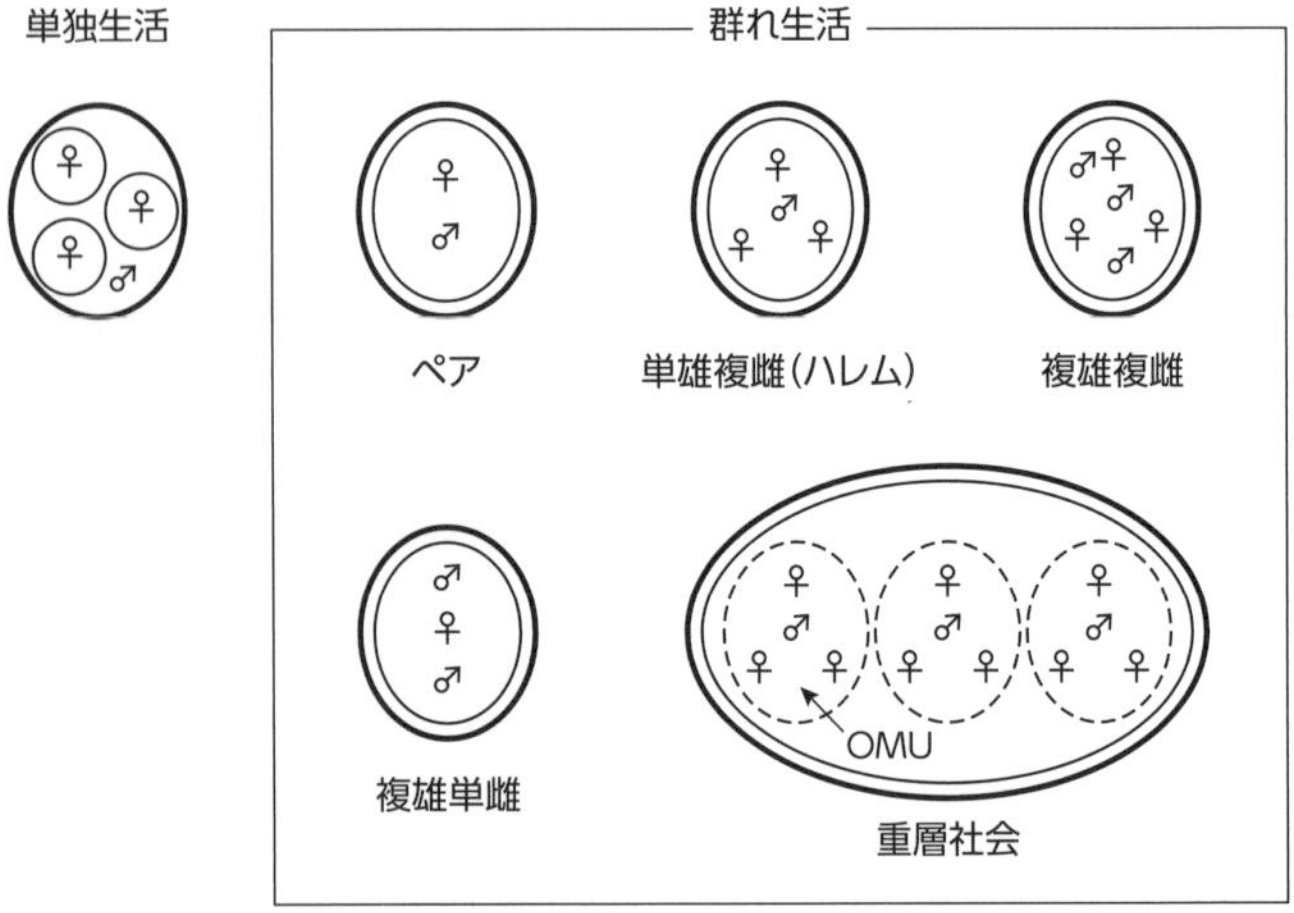

図 14　霊長類の群れの構造を模式的に描いたもの。太い実線はオス（♂）の、細い実線はメス（♀）の行動圏を、それぞれ表している。重層的な群れでは、複数の単位集団（OMU、点線）が集まって一つの群れを形成する。

ある。一頭だけでは大きな行動圏を守ることができないから、他のメスと一緒に行動する必要がある。複数のメスの集まりが常態化したものが、群れというわけだ。

自らの子孫を残す、という目的を達成するには、群れのメンバーは、血のつながった個体どうしのほうがよい。たとえ自分が子を残すことができなくても、血縁個体を助けることにより、その個体を通じて自分の遺伝子を残すことができるからだ。母系集団で行動することが有利にはたらき、現在見られるような群れのかたちができあがったのだろう。

2・5 「空気を読む」サル

同じ群れで生活しているのだから、群れのメンバーは当然、お互いを認識している。群れの個体間には、明確な優劣関係がある（図15 a）。一頭のサルに、別の個体が近づいてきたとしよう。最初の個

a)

負け個体（列）／勝ち個体（行）

	At	Ar	Kr	Rl	Be	Sf	Ib	Kk	Ku	Hn	Fr	Fk	Fp	Op	Hr	Mr	Ml
At	*	6	8	9	9	3	4	5	9	6	8	8	1	1	12	6	2
Ar		*	3	21	6	6	7	4	4		2	5	4	4	3	7	2
Kr			*	2	3	8	4	3	5	1	1	6	4	2	1	9	7
Rl				*	6	7	10	7	8	1	5	2	5	3	6	7	6
Be					*	3	2	3	3	1	5	3		6	14	16	5
Sf						*	3	5	12		1	5	4	1	8	9	9
Ib							*	5	8		8	4	2	7	6	3	4
Kk								*	3	4	4	2	7	6	1	3	2
Ku									*	1	5	2	10	4	6	6	1
Hn									1	*	1				2	3	1
Fr											*	2	4			2	1
Fk												*	3	7		3	1
Fp													*	6	5	2	4
Op													1	*	5	4	2
Hr													2	1	*	6	3
Mr																*	1
Ml																	*

b)

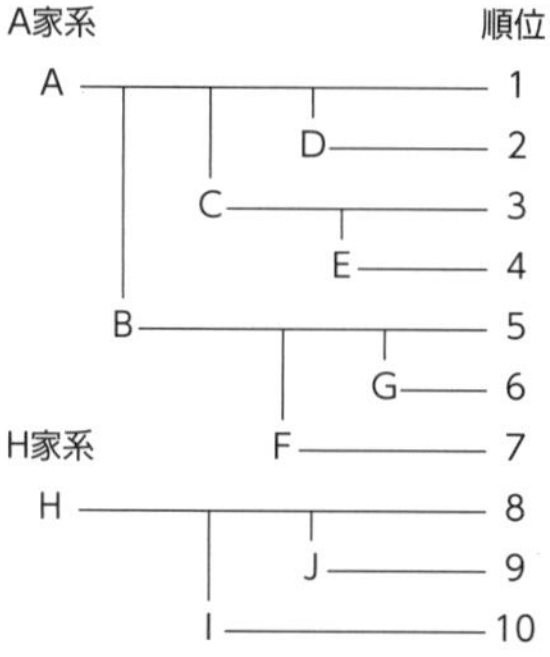

図15　a) サルの優劣関係の実例。金華山A群のサル（オトナメス17頭）の順位関係を、2004～2005年に行った行動観察に基づいて作成した星取表。アルファベットは、個体の名前の略称。数字は、左のサルが上のサルにケンカで勝った回数を示している。b) 群れ内でのオトナメスの順位の決まり方の例。数字は集団内の順位。A家系では、母親（A）が最も優位で、その娘（B, C, D）の間では末妹（D）が最も優位、長姉（B）が最も劣位となる。家系間の優劣関係に関しては、H家系の全個体はA家系よりも劣位となる。

体がその場にとどまったならその個体のほうが強く、その場所からそそくさと立ち去ったなら、後から来た個体のほうが強い、ということになる。ただし、近くに後ろ盾となるオスがいれば、実力では劣位のメスが強気にふるまうこともある。時には噛みついたり、手ではたいたりして、相手が「キィー」と悲鳴を上げることもあるが(図16)、野生状態で争いがここまでエスカレートするのは、わずかに残った価値の高い果実を取り合うときなど、非常にまれだ。サルは普段「クゥ」という、まろやかな声で鳴く。この声は離れた仲間に対する呼びかけ（とその返事）であり、この声を定期的に出すことで群れのまとまりを維持している。

群れ内では、まず家系間の優劣が決まり、さらに家系内の優劣が決まる（図15ｂ）。面白いことに、同じ家系の中では、母親の順位が最も高く、姉妹で優劣関係を比べると、妹のほうが優位になる傾向がある。アカンボウは母親のケアをより多く受けられるから、母親がバックについた妹は、姉に対して強気にふるまう。その結果、大きくなっても姉より優位のままでいるようだ。このようなメスどうしの優劣関係は、長期にわたって維持される。いっぽう、オス同士の優劣関係は、その出自よりも身体能力や群れへの滞在期間といった、個体ごとの事情で決まるようだ。

サルにとって「空気を読む」力、すなわち相手と自分の力関係やその場の状況に応じて自らのふるまいを変える能力は、群れ生活を営むうえで不可欠だ。森の中に、たわわに実をつけた木が一本だけぽつんと生えているとしよう。この木に登って、実を獲得できるのが一度に一頭だけだとする。もし、その木に自分より強い個体がいたら、木に登るとその個体に攻撃され、ケガをする可能性があるから、その木はスルーしたほうがよい。いっぽう、その木に誰もいないか、自分より弱い個体しかいない場合は、迷わず登るべきだ。サルたちは日々、このような状況判断を何度も行っているのだ。

群れ内の優劣関係は、群れの秩序を守るために役立つと考えられるが、これが杓子定規に過ぎると、ギスギスして群れのまとまりが失われてしまうから、群れのメンバーは、ほどほどには仲良くする必要がある。このときの潤滑油として機能するのが、グルーミング（毛づくろい）だ。グルーミングはだいたい、日当たりのよい、開けた場所で行われる。ゴロンと横になった相手の隣にすっと座り、両手で熱心に相手の毛をかき分けて、ときどき何かをつまみ上げて口に入れる（図17）。ケンカ直後のグルーミングには、仲直りの機能があることもわかっている。

図16　優位個体（右）に威嚇され、しかめ面をする劣位個体（宮崎県・幸島にて）。

図17　グルーミングをするサルたち。

さて、サルの群れに関して、みなさんに大事なことを伝えておこう。それは、野生のサルの群れにボスはいないということだ。かつてサルの研究者は、群れの中心にいて尾を立てて偉そうに歩いているオスのことを「ボス」あるいは「リーダー」と呼んだ。そして、群れのオスザルはその座を巡って権力闘争しているという、やや擬人的な解釈が一般に広まった。上野動物園で解説ボランティアをしていたとき、来園者から多かった質問が「ボスザルはどこにいますか?」だったのを思い出す。

しかし私たちは現在、「ボス」の呼び方を使わない。「ボス」には、移動のイニシアチブをとる、外敵が来たら最前線で戦う、群れ内のトラブルの仲裁をする、などのイメージがあるが、野生のサルを対象とした観察から、そういう役割を果たしているオスはいない、ということが確認されたからだ。群れの動きは群れの核である年配のメスが決めており、オスはむしろついていく側の立場だ。オスはケンカを仲裁するどころか、勝ち馬に乗って弱い個体を追い回すことがほとんど。「強いオス」は確かに存在するが、それはあくまでも単純な力関係にすぎず、サル山で見られる、強いオスの「ボス的」なふるまいは、限られた場所に食べものが集中する、という特殊な状況でつくり出されたものだったのである。こういう理由で、研究者は現在、強いオスのことを「第一位オス」ないし「α(アルファ)オス」という、より中立的な言葉で呼んでいる。

2・6 サルの一生

サルの交尾期は、地域差はあるが、だいたい九〜一一月だ。サルの肌は、基本的には薄いピンク色だが、交尾期になると発情したメスの顔とお尻は充血して赤くなる（図18）。メスが発情すると、同じく顔と下腹部を赤く染めた群れオスや、群れ周辺に集まった離れオスが近づいてくる。オスたちは、発情メスの気を引こうと後をつけたりグルーミングしたりと、涙ぐましい努力をする。オスににじり寄られたメスが悲鳴を上げながら逃げ回り、よそ者のオスが群れの周りで枝をガサガサと揺すりながら「ガガガッ」と鳴いてアピールする。群れオスが大声を上げてそんなオスを追い払う……。こんな感じで、秋の山はとてもにぎやかだ。研究者はサルの声や音を頼りに群れを探すことが多いため、この時期は観察データを比較的スムーズに集めることができる。

サルの世界では（でも？）、恋の主導権はメスにあるようだ。メスは気に入らない相手に身をゆだねることはせず、ペタンと座り込んでしまう。数時間にわたる猛アタックの末に結局振られ、腹いせに彼女を攻撃

図 18　発情したメス（左）。顔は真っ赤。（口絵 p.1 参照）

し始めたオスを見て、「あぁ、よくわかるよ、君の気持ち！」と私は大いに同情したものだ。

メスは一シーズンに二、三回発情し、その間に複数のオスと交尾をする（図19）。妊娠すれば、翌年の春に出産となる。野生のメスは六歳ころに初めて出産し、以降は二〜三年ごとに出産を繰り返す。いっぽう動物園のサルや餌付けされたサルは栄養条件がよいため、四歳で子を産む個体もたまにいるし、毎年の出産もさほど珍しくない。

図19　交尾するサル。

サルの出産期も、地域差はあるが、だいたい四〜六月だ。この時期に調査に行けば、群れの中でかわいい幼獣（アカンボウ）を見つけることができる（図20ａ）。生まれたばかりのサルの体重は五〇〇グラム程度で、成獣（オトナ）より黒っぽいのが特徴だ。はじめのうちは母親にしっかりと抱きかかえられ、移動中はおなかにしがみついているが、生後数カ月もすると、母親の腰にちょこんと座るようになる。そして母親の食事中、彼女から離れて探検に出かけようとする。心配なのだろう、こんなとき母親はアカンボウの足をつかんで「ぐいっ」と引き戻す（図20ｂ）。アカンボウは手足をジタバタさせて抵抗する。まるで、デパートのお

図 20　a) 母親ザルとアカンボウ。b) 母親ザルがアカンボウの足をつかんで引き戻している。c) 一緒に遊ぶコザルたち。

もちゃ売り場で「買って、買ってー！」と駄々をこねる人間の子供のようだ。

そんなアカンボウも、秋を迎えるころには同年代の仲間たちと連れ立って遊び始める。とっくみあいや追いかけっこをしたり、あるいは何をするわけでもなく並んで座ってみたり。（図20ｃ）。生まれて一年後には、コザルは単独で行動できるようになる。しかし、島の上空を飛ぶヘリコプターの大きな音が聞こえたり、私が近づきすぎたりすると、あわてて母親のもとへすっ飛んでいく。母親も、すっかり大きくなったわが子をぎゅっと抱きしめる。

母子の強いきずなとは対照的に、オスザルは育児にまったくタッチしない。おそらく、誰が自分の子供なのか、本人にもわかっていないだろう。つまり、サルの群れには、オスはいるが父親はいないのだ。ただし、オスザルが子供たちを邪険に扱うわけではない。群れの中で威張っているオスザルも、アカンボウやコザルに対しては特に威嚇することもなく、そばでじっと見守っている。そんなオスザルが心強いのだろうか、コザルたちはオスザルにじゃれついたり、後ろをついて歩いてみたりする。

残念ながら、すべてのアカンボウが翌年の春を迎えられるわけではない。野生下では、生後半年間で二〜三割の個体が命を落とす。栄養不足で餓死したり、あるいは猛禽類に襲われたりするのだろう。久しぶりに調査に入ったとき、前回までいたアカンボウが見当たらないのはさみしいものだ。

成長したコザルは、四〜五歳くらいになるとオスとメスとで異なる人（猿）生を歩む。オスたちはこの時期になると生まれた群れから離れ、オスだけのグループで生活したのち、他の群れへの出入りをくり返す。川添達朗さん（京都大学）は、金華山のオスザルの生活を調べている。彼の研究によると、群れを出たオスはしばらく、先輩たちと一緒に暮らしているらしい。幼いころの絆が、オトナになっても役立っているようだ。これに対してメスは、基本的には生まれた群れに残り、やがて群れの核となる。

サルの寿命は、飼育環境では三〇歳を超えることもあるが、野生ではメスの平均寿命は二十数年だ。この違いは、それだけ野生の生息環境が厳しいことを意味している。老齢のサルは毛が抜け、腰が落ちている。動きがよたよたしていて、群れの移動についていくのはしんどそうだ。オスは成長すると群れから出ていってしまうため、寿命について信頼できるデータはまだ得られていないが、リスクの大きい生活をしているのだから、メスよりも短いと考えられる。

2・7　サルの野外研究の歴史

日本でサルの暮らしに関する研究がスタートしたのは、第二次大戦後の一九四八年のことだ。京都大学の研究グループが、宮崎県・幸島や大分県・高崎山でサルの調査を行ったのが、その始まりだ。最初は野生のサルを観察しようとしたが、当時はサルが狩猟獣から外れたばかりで、サルたちは人を恐れて、なかなか姿を見せてくれない。そこで研究者は地元の方々と協力して、開けた場所に餌をまいてサルたちをおびき寄せることにした。この試みは成功し、一頭一頭のサルを個体識別して観察することにより、個体の力関係や群れの構造、オスとメスの生活の違いが、少しずつ明らかになっていった。

初期のサル研究の大きな成果は「イモ洗い」をはじめとする、文化的な行動の発見だ。幸島ではもともと、サルが砂浜にまかれたサツマイモを真水で洗って泥を取っていたが、そのうち、一匹のコザルがイモをわざわざ海までもっていくようになった。どうやら、海水で塩味がつくことを覚えたらしい。この行動は、はじめは遊び友達のコザルを中心に広がり、やがて群れ全体に広がった。学習によって新たな行動が生まれ、集団内に広まっていく様子がヒト以外の動物で記録されたのは初めてのことだったから、日本の研究成果は世界に驚きをもって迎えられた。

一九六〇年代半ばになると「餌付けはサル本来の姿をゆがめている」という批判が、若手研究者から出されるようになる。彼らは原点に立ち帰り、自然状態のサルの調査を始めた。「野生の群れにはボスがいない」という発見は、この時期になされたものだ。金華山や屋久島などいくつかの調査地では、餌を与えずにサルを慣らすことに成功し、一九七〇年代以降は、純野生のサルを対象とした研究が進んでいる。

一九八〇年代、サルによる農作物への被害問題が深刻になると、研究者はこの問題への貢献も求められるようになってきた。最近では、従来の行動観察に、遺伝学、生理学、心理学の手法を取り入れた研究、あるいは深層学習、自動撮影カメラ、ＧＰＳテレメトリー、ドローンといった、ＩＴ機器を用いた研究が登場するなど、サルの野外調査はその形を変えながら、現在に至っている。

調査機器の進歩

私が学部生だった二〇〇〇年当時、サルの位置の記録には地図とコンパス（方位磁石）を使っていた（図21の左）。サルの位置を定期的に確認して地図にプロットし、点と点をつないで移動ルートを描いていく。したがって、調査を始めてすぐのころは、地図読みの練習をしたものだ。そう言えば、研究室に入った当初、「野外調査に行くっていうのに、君はコンパスも持ってないのか！」と先輩に注意され、一〇〇円ショップで買った風水占い用の磁石を得意げに見せて、絶句されたこともあったな……。

二一世紀になると、それまで軍事上の理由でGPSに意図的に加えられていた測位誤差が解除され、研究目的で使えるくらいの精度になった。サルの調査にいち早くGPSを導入した杉浦秀樹さん（京都大学）は、手作りの端末を、私に快く貸してくださった（図21の中央）。ザックに括り付けた大きなアンテナで電波を受信し、位置データをポケコンに記録する、というシステムだ。ポケコンといっても弁当箱くらいの大きさがあり、バッテリーは単二電池が八本。充電しながら毎日取り換えて使った。当時は記録メディアの容量も小さく、一日の調査が終わったら、すぐにデータをバックアップする必要があった。

数年後、携帯型のGPSが登場する（図21の右）。

図 21　サルの位置を記録する機材の移り変わり。左から順に方位磁石と地図、2000 年代の GPS、2010 年代の GPS。100 円ショップで購入した風水の方位磁石（右上）も参考のために載せたが、精度の点で怪しいので、調査では使わないほうがよい。

データ容量は劇的に増え、一年分のデータを入れっぱなしにしておくことさえできるようになった。そして現在、スマートフォンがＧＰＳを搭載しているのは当たり前、誰もが気軽に位置情報を利用できるという時代である。二〇年間の技術の進歩には驚くばかりだ。

島の通信環境も、この二〇年で大きく改善された。九〇年代、金華山の調査関係者は、外部との連絡のために夜道を片道三〇分かけて黄金山《こがねやま》神社まで歩き、公衆電話を借りていたという。二〇〇〇年代前半に携帯電話の普及が一気に進み、大学生でも携帯電話をもてる時代になった。「調査小屋で電話ができるなんて、信じられないよ！」などと先輩から聞いて「へぇ、そうなんだ……」と思っていたが、ここ数年はインターネットに気軽に接続することができるようになり、調査小屋に無線ＬＡＮルータを持ち込んで、パソコンで当たり前のようにネットサーフィンをしている学生たちを見たとき、先輩の気持ちが理解できた。

フィールドノートの中身

調査機器の進歩はめざましく、調査効率やデータの精度を上げるために、新しい機器を活用することは大切だ。しかし、どんなに調査機器が進歩しても、重要性が変わらないものもある。その一つがフィールドノートだ。私はこのノートに、観察データ以外にもいろいろな情報を書き込んできた。たとえばスケッチ。調査中に発見した変わった行動や貴重な植物は、写真やビデオを撮れば記録に残せる。しかしフィールドノートには、観察した事実だけではなく、周囲の状況、（行動なら）前後の文脈、そして私の感想も併せて記録できるのだ（図22）。上手い、下手はともかく、その場の雰囲気はわかってもらえるだろうか。

調査中に気持ちが乗ってくると、ポエムを書くこともあった（恥ずかしいので、こちらは公開しない）。サルがグルーミングや休憩しているときは、ぼーっと観察しながら夕食の献立をメモした。研究のアイディアがぱっと浮かんだとき、私はすぐにフィールドノートに書きつけた。ちょっとした思いつきや妄想を自由に書けるスペースが十分にあることが、私がフィールドノートを愛用する理由だ。

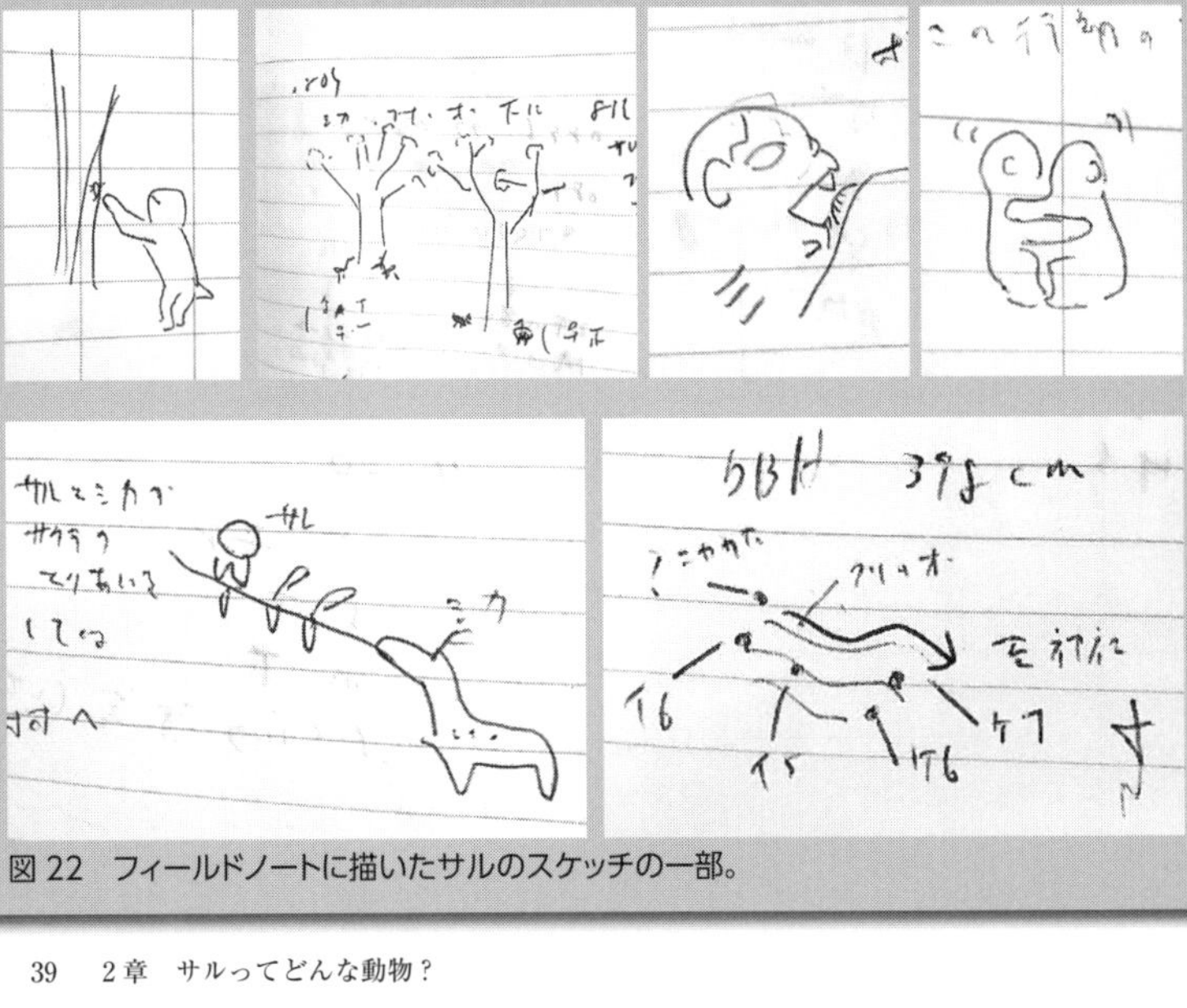

図22　フィールドノートに描いたサルのスケッチの一部。

3章 「シカの島」のサルの暮らし

3・1 卒業研究が始まる

さて、高槻先生が私の卒業研究として提案したテーマは、シカが高密度で暮らす金華山でのサルの土地の使い方を調べる、というものだった。従来のサル研究に欠けていた、環境とのかかわりをきちんと評価しよう、という試みだ。

サルは行動圏の中を自由気ままに動いているように見える。これに対して、サルの研究者は人類学の用語から遊動（nomadism）という言葉を充てた。しかし、何か目的があるのなら、彼らの土地利用のパターンは決してランダムではないはずだ。私と高槻先生は、サルの動きを決めている主な要因は、食べものだと予想した。

野生動物の生活の基本は、食べることだ。食べて生命を維持しないと、群れのメンバーとのグルーミングも、恋の駆け引きも、わが子へのハグもできないのだから。食べものはどこにでもあるわけではないから、動物たちは限られた食べものを探して、森の中を歩き回ることになる。食べものと一口に言っても、一度見つければくり返し利用できる種類もあれば、限られた時期にしか利用できない種類もある。したがって、場所に対する執着性は、食べものの種類によって異なるはずだ。ある場所に一種類の食べものしかなければ、当然それを食べるためにそこを何度も訪れるだろう。いっぽう、周りにもっと魅力的な食べものがあれば、動物がやってくる頻度は低くなるはずだ。

私達はこのように考え、二〇〇〇年五、八、一〇月、そして二〇〇一年一月の計四回島に滞在して、サルの食べものや使った場所を記録することにした。さらに、行動観察と並行して、サルの主要食物になる植物の分布の評価も行おうと計画した。

3・2 私の調査地 ―― 金華山 ――

金華山は、現在の行政区こそ石巻市だが、私が研究を始めた当時は、牡鹿郡・牡鹿町に属する島だった。その中心部、鮎川は、捕鯨基地として知られ、定置網漁と銀鮭・ワカメの養殖も盛んな町だ。鮎川で定期船に乗り、波に揺られつつ半島をぐるりと回ると、前方に見えてくるのが金華山だ（図23）。面積は約一〇平方キロメートル。青森県・恐山、山形県・出羽三山と並ぶ、東北三大霊場の一つとして有名だ。島の北西部に祀られている黄金山神社には、毎年大勢の参拝客が訪れる。「三年続けてお参りすれば一生お金に困らない」とされている（図24）。島の南にある灯台には、昔は職員が常駐していたが、それが無人化された現在、神社の関係者以外に住民はいない。

霊島として手つかずの自然が残されてきた金華山には、約五〇〇頭のシカが生息している。この島のシカはご神鹿《しんろく》として大切にされている。シカたちは、ときどきお供えを失敬しようと神社の建物に入ることがあるが、職員さんはいつもニコニコ笑って見逃している。

いっぽうサルは、約二五〇頭が六つの群れに分かれて暮らしている。彼らは少なくとも江戸時代にはこの島にいたそうだが、いつごろ、どこからやってきたのか、今一つはっきりしない。サルは大昔、シカとともに海を渡ってやってきたという伝承がある。「サルはシカの首辺りに座って、海に落ちないように角を両手でしっかりと握っていたのかな」などと想像すると楽しくなる。学術的には、金華山は純野生のサルとシカの行動を観察できるフィールドとして知られ、毎年多くの学生・研究者が調

図23　金華山の全景。対岸の牡鹿半島から撮影したもの。

図24　金華山・黄金山神社の拝殿。この島には毎年、多くの参拝客が訪れる。

査にやってくる。その中でも、高槻先生や南正人さん（星野リゾートピッキオ）を中心とする研究グループは、長期にわたるシカの生態・行動学的研究で有名だ。そしてサルに関しては、伊沢紘生先生（宮城教育大学）が率いる研究グループが、一九八二年から長期の研究を行っており、その個体群動態が記録されている。この島は、屋久島と並んで、サルの野外研究の一大拠点となっているのだ。

島の桟橋から三〇分ほど歩けば、かつて植林地の管理のために使われた、林野庁の小屋が見えてくる（図25）。伊沢先生がこの小屋を管理し、金華山の調査関係者に調査基地として提供してくださっている。島に到着し、神社に挨拶してから行うことは、この調査小屋への荷揚げだ。山道を歩いて調査小屋まで向かう。これまで多くの調査員が何度も出入りしてきたため、山道は踏み固められていて歩くのは楽だが、がけの崩れた場所や滑りやすい岩が所々にあるので、油断は禁

図 25　私たちの基地になっている調査小屋。

物だ。食料品の入った段ボールを運ぶために桟橋と調査小屋を一往復。調理用のプロパンガスのボンベを運ぶのにもう一往復。冬季には暖房用の灯油の入った赤いポリタンクを運ぶため、もう一往復。それから自分の調査機材を運ぶため、調査初日は荷揚げだけで半日がつぶれてしまうこともある。サルを探しに出かけるのは、調査小屋で荷ほどきして、生製品を冷蔵庫に入れてからだ。

調査基地

金華山の調査小屋には電気が通じ、電子レンジや冷蔵庫、布団乾燥機などの家電や寝具が用意してある。シーツ代わりの寝袋だけ、各自持参することになっている。伊沢先生の管理のもと、調査小屋のメンテナンスに必要な機材もそろっている。

生活用水は、小屋の裏にある沢からパイプで引いてくる。シンクの水は出しっぱなしだ。都会の感覚だと無駄遣いのように思えるが、パイプが砂でつまるのを防ぐためだ。ときどき、パイプに小エビが入り込んできて、シンクでピンピンとはねる。調査初日に小屋に入ると、たまに水が流れていない場合がある。直前の台風で、水道パイプのジョイントが外れてしまったらしい。こういうときは沢の源流まで行って、パイプを修理しなければならない。

調査小屋のトイレは、くみ取り式、いわゆる「ぼっとん便所」だ。トイレの穴は、周りから染み出した水で、井戸のようになっている。排泄の勢いが強いと「ポチャン」と思わぬお釣りが返ってくるので、出した瞬間に腰をひょいっと上げるのが、うまくかわすコツだ。

調査小屋での生活はおおむね快適だが、困ることもあった。一つは、ストーブをつけると、冬眠していたカメムシがごそごそと湧き出てくることだ。ある年、電気ポットにカメムシが落下してしまい、何度洗っても匂いが落ちず、結局廃棄処分となった。もう一つは、ネズミ問題だ。金華山には、ノネズミの一種ヒメネズミが生息している（図26）。本来は堅果類や穀物を食べる動物だが、食べものを求めて調査小屋に忍び込んでくるものがいる。ちょっとした隙間に入り込んで食料品をかじってしまうから、密閉した容器に入れる、食料品の入った箱に重しをする、などの対策が必要だ。

シカの調査員である大西信正さん（星野リゾートトピッキオ）は、調査小屋のネズミ捕りの名人だった。割りばしの先にピーナツを載せ、台所の床と土間のゴミバケツの間に渡しておくと、ピーナツを食べようと割りばしに乗ったネズミは自分の重みでバケツにポトンと落ちる。心優しい大西さんは、「奥山放獣しよ♪」と言いながら、捕まえたネズミを調査小屋の外に放してあげるのだった。

図 26　ヒメネズミ (*Apodemus argenteus*)。山小屋の食料を狙って忍び込んできた。

3・3 サルはどこだ？

私は、黄金山神社の近くに行動圏を構えるA群のサルを調査対象とすることにした。島に六ついる群れの中で最も人なれしており、追跡が容易だと考えられたからだ。春の調査を始めた直後の数日間は、高槻先生や、先にA群の調査を行っていた杉浦さんと藤田志歩さん（京都大学）について歩き、サルの追跡とデータ記録の方法、サルの名前、そして主な食べものといった、基本的なことを教わった。

彼らが島を離れたあと、いよいよ一人での調査が始まったのだが、私はたちまち頭を抱えてしまった。サルが見つからないのだ。金華山のサルの行動圏は、本土のサルよりも一回り小さいと聞いていたが、私には、この三平方キロメートルが、とてつもなく広く感じられた。

「サルはどこだ？」

運よくサルに出会えても、次はこれが本当にA群なのか自信がもてない、という問題が発生した。「えぇと……、ここは神社の近くだから、彼らはA群のはずだよな……」などと考えて、とりあえずついていくことにする。彼らを追って稜線にやってくると、ありゃ、サルがいない。尾根を越えた瞬間、彼らは反対側の斜面をザザザッと駆け下りてしまったらしい。なるほど、常に群れの中心部にいないと、移動の際にまかれてしまうのか。

日が暮れてきたので、観察を終えて調査小屋に帰ろうとしたのだが、杉林のあたりで道に迷ってしまった。日が落ちると林は一気に暗くなり、懐中電灯なしでは歩けないのだが、私はそれをザックに入れてこなかったのだ！　三〇分ほどさまよった末、ようやく調査小屋の明かりを見つけた。小屋に戻ると、他の皆さんは、とっくに夕食を終えて明日の調査の準備をしている。私はキッチンで一人、遅い夕食をとった。

「こんな調子で、大丈夫かな……」

調査計画では、各季節にA群のサルを三週間追跡して食性と土地利用のパターンを調べること、そして各季節にサルが利用している食物の分布を調べることになっていた。したがって、A群のメンバーの個体識別ができ、主要な植物の名前を憶えていることが、この計画の大前提となる。最初のうちは食べものの名前がさっぱりわからないから、サルの食べ残しを拾っては調査小屋に持ち帰り、大西さんに尋ねたり、植物図鑑と島の植物リストを突き合わせたりして調べた。いっぽうサルの名前は、杉浦さんらの手による識別表を参考に、顔の特徴にメモを入れながら少しずつ覚えていった（図27）。このような、基礎的な資料がすで

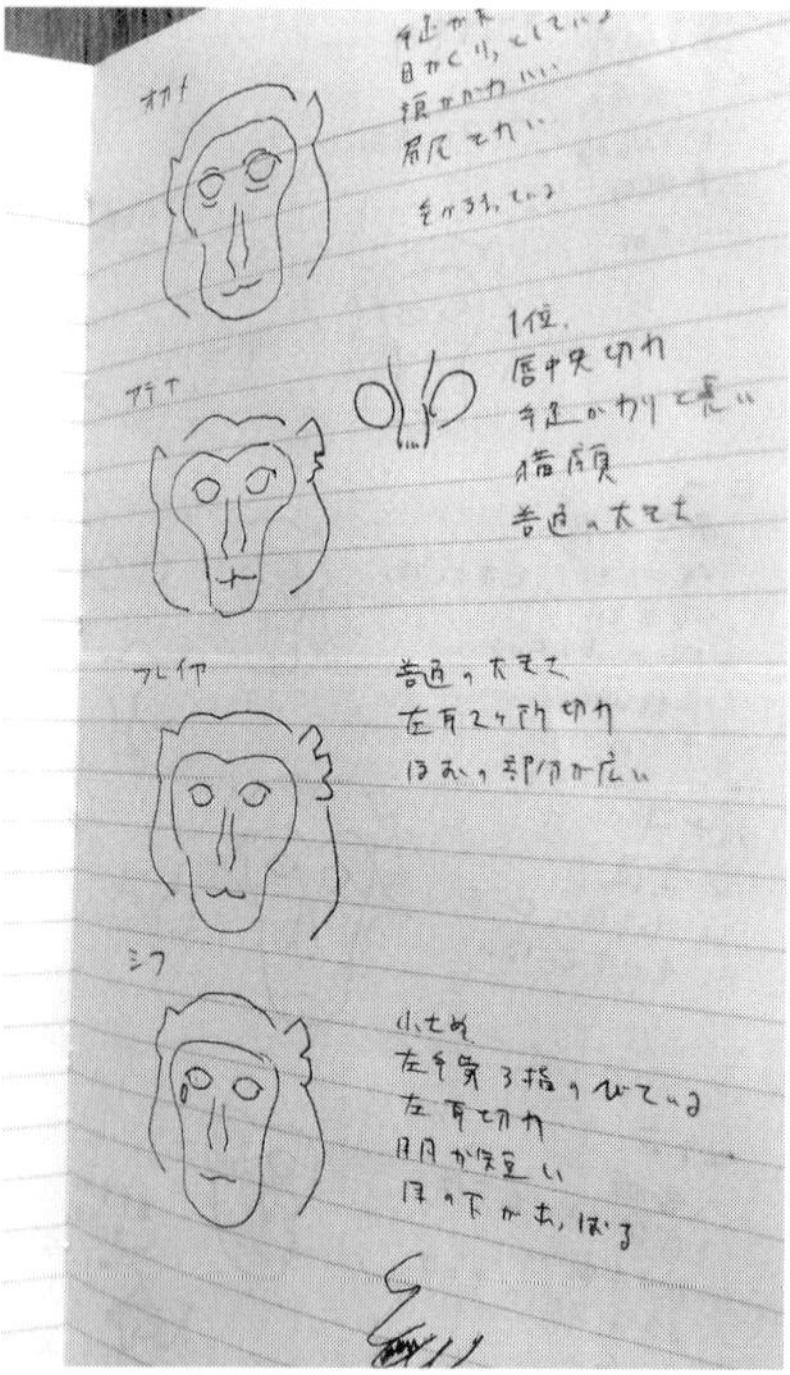

図 27　杉浦さんはじめ歴代の先輩たちが作成した、金華山 A 群のサルの個体識別表。このような情報が整備されている調査地は、ごく限られる。

に用意されているというのは、実は大変ありがたいことである。後年、インドネシアでリーフモンキーの調査を始めたとき、私はこういった基礎資料をほぼ自力で収集しなければならず、研究が軌道に乗るまでに数年かかった。先輩たちの調査のおかげで、金華山での研究の立ち上げのステップを短縮できた当時の私は、とても幸運だった。

春以上に苦戦したのが、夏の調査だ。この時期、サルは一年の中で最も移動距離が長く、行動圏も大きいから、それだけサル探しのハードルが上がる。サルが見つかるようにと、島内の神社巡りをして手を合わせてみたりするが、朝から歩き回ってもサルは見つからず、私のモチベーションはぐんぐん下がっていった。次第に機嫌が悪くなり、道沿いの草をブチブチッと引きちぎって歩いたり、シカの「ピイッ」という警戒音に「うるさいっ！」と怒鳴ってみたり。捜索三日目の夕方、あきらめて神社にお風呂を借りに行ったら、なんと、浴場前の庭にA群のサルたちが座り、悠々とグルーミングしているではないか。

「や、やられた……」

それでも、春、夏と、サルを必死で追いかけていると、彼らが主に利用する食べものやそれが生えている場所、そしてサルたちの移動パターンや活動のリズムが、次第にわかってきた。秋の調査のころになると、たとえば「サルたちは今回、ケヤキの実をよく食べている。ケヤキの大木が生えているのは、北見沢、神社周辺、そして広谷周辺だったな……」など、サルが立ち寄りそうな場所へ先回りしてサルを探し出し、終日見失わずに追跡できるようになった。サルたちと一緒に過ごすことで、土地勘がつかめてきたのだ。

山歩きに自信がついてくると、サルたちの行動をじっくり観察する余裕も出てきた。冬の調査の際、私は熱心に草を引っこ抜いているサルたちのそばに座って、彼らと同じように草をむしってみることにした。霜がついて湿った葉が指に触れると「うわッ、冷たい！」と手を引っ込めてしまった。この季節は気温が低いうえに風が強く、じっとしていると凍えてしまう。六枚ぐらい重ね着して、マフラーを巻いても、まだ足りないくらいだ。私たちは調査小屋に帰れば暖かいストーブに当たって、熱いお茶を飲むことができる。しかし、サルたちは毎年昼夜を問わず、この寒さと戦っているのだ。「君たちは逞しいね！」私は、黙々と草をむしっている、隣のサルに声をかけた。

ちょうど冬のデータを取り終えた日、高槻先生から「こら、早く帰ってこい！」と呼び出しの電話がかかってきた。卒業研究の発表会まで、あと二週間しかない。これから東京に帰って、データの解析を終わらせなければ。最後はかなりバタバタしてしまったが、ともかく私は、通年の行動データを集めることができたのだった。

3・4　サルの土地利用

私は自らの体験から、A群のサルは食べものが多い場所を頻繁に使い、食べものが少ない場所はあまり利用しないはず、と予想した。図28aは、A群が使っていた場所の一〇分ごとの位置から描いた、土地利用のパターンだ。何度も訪問した場所は黒く、ほとんど訪問しない場所は白く示され、利用には濃淡が見られる。それぞれの季節に頻繁に使われている場所は行動圏内のごく一部だ。

サルの土地利用を、食べものの分布と重ねてみよう（図28b）。これは、行動圏を小さな正方形（コドラートという）に区切り、食べものとなる木の多い場所の分布を評価したものだ。サルの利用場所と主要な食べものの分布は重なり、予想通り、サルが頻繁に利用する場所は、主要な食べものが多い場所になっていた。

A群の行動圏の南部に、私が春の調査の際に迷子になったスギの植林地がある。ここは風や雪が吹き込まないので、休憩場所としては良いが、サルの食べものとなる草本類や低木がほとんど生えていないためか、A群はめったにここを訪れなかった。以上から、サルは行動圏内を目的なしに歩き回っているの

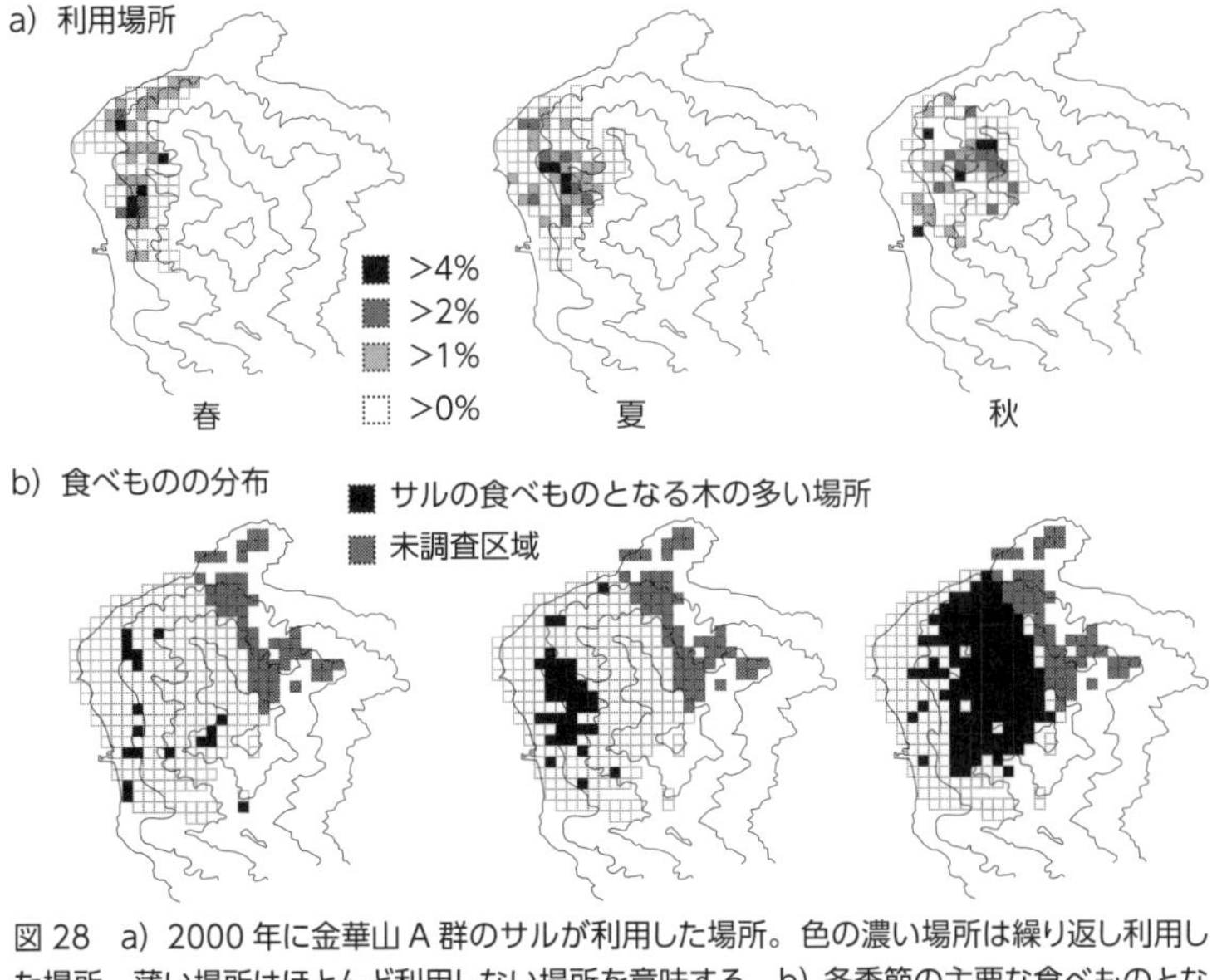

図28　a）2000年に金華山A群のサルが利用した場所。色の濃い場所は繰り返し利用した場所、薄い場所はほとんど利用しない場所を意味する。b）各季節の主要な食べものとなる植物が多く生育する場所の分布。色の濃い場所に食べものが多い。

ではなく、彼らにとって価値がある場所を頻繁に使う、ということがわかった。私は「遊動」という名称は、彼らの土地利用の実態とは異なるので、「行動圏の利用」に改めるべきだと思っている。

他の地域のサルは、行動圏をどのように使っているだろうか。郷もえさん（京都大学）の研究によると、幸島《こうしま》（宮崎県）の場合、サルは同時に複数の食べものが手に入る場所を頻繁に利用した。「ご飯とおかずの両方がある場所」をよく使うということか。この島のサルは「移動に使う場所」「休憩する場所」など、目的に応じて場所を使い分けてもいるらしい。面積が三三ヘクタールと小さな島だから、幸島のサルは、土地の価値を金華山よりシビアに評価しているのだろう。いっぽう屋久島のオスザルは、群れの中にとどまりつつも、時には単独で行動し、好きな場所で食べているという。しがらみから離れ、自由に食べることはできるが、かわりにその間はグルーミングを受けることができず、また他の群れから攻撃を受けやすくなる。

3・5　他の群れの存在と、一時的な分派

サルは群れで暮らす動物だ。それぞれの群れが独自の行動圏をもち、隣接する群れと出会えば、争いが生じる。それは自分たちの群れの食べものを他の群れに横取りされないためでもあるし、オスにとっては自分の群れのメスを他の群れのオスと交尾させないためでもある。ただ、金華山では、群れと群れの出会いが少なく、多くても週に一回くらいにすぎない。A群には当時、三〇頭ほどのメンバーがいて、時々となりの小さな群れ（B1群、二〇頭程度）と出会うことがあった。個体数で勝るA群が

勝ちそうなものだが、群れが出会ったとき、くるりと向きを変えて逃げ出すのは、なぜか決まってA群だった。ずっと観察していれば、私はA群に情が移るわけで、あわてて逃げていく彼らを追いながら「おーい、しっかりしてくれよ！」と声をかけた。私の印象にすぎないが、群れの「気性」は、群れのオスザルの性格によるのではないだろうか。当時のA群のαオスは、あまり「俺が、俺が」という性格ではなかったように、私には思えるのだ。

他の群れの存在は、屋久島でもサルの土地の使い方に影響している。この島では、サルは行動圏の中心部を主に利用し、隣の群れとの出会いを避けていた。彼らが周辺地域を使うときは、複数のメンバーが集まって食べ、隣の群れからの攻撃に備えていたという。

霊長類の中で、チンパンジーやクモザルの仲間は、面白い習性をもっている。行動圏内に食べものが少なくなると、群れが一時的に小さなグループに分かれて活動するのだ。これを離合集散（fission-fusion）というが、杉浦さんは、金華山のサルがチンパンジーほどではないものの、群れの広がりを季節的に調整していることを明らかにした。春や秋など食べものが豊富な時期には群れは比較的コンパクトにまとまっているが、食べものが乏しい夏には群れの広がりが大きくなり、時には一キロメートル以上も離れる、分派を起こす。群れとしてのまとまりを維持しながら、群れメンバーが必要な食べものを確保できるようにしているのだ。食物が乏しい割にサルの密度が高い、この島ならではの問題解決方法といえる。なお、冬は食物が夏以上に乏しく、分派しても食物が手に入らないためか、サルの群れは小さくまとまって行動する。

3・6　土地利用に見られるサルらしさ

とはいえ、サルたちの土地利用が食べものや他の群れとの関係に縛られた窮屈なもの、というわけでもない。黄金山神社の裏には、神社の取水場となっているため池があるが、コザルたちは、よくここに入って泳いだ（図29）。積極的に飛び込んでいくのだから、池の利用は彼らにとって一種の遊びなのだろう。いっぽうオトナたちは体が濡れるのが嫌らしく、ため池の周りに座って休んでいることが多かった。

冬季の早朝、起き出したサルたちが稜線までわざわざ登り、朝日に腹を向けてじっとしていることがあった。その後Uターンして元の場所に戻るのだから、エネルギーの消耗にしか見えない「無駄」な行動に見える。ただ私には、彼らが日光浴を楽しむために移動しているように思えたのである。夜間に冷えた体を温めるためという合理的な解釈ができるかもしれないが、

図 29　黄金山神社のため池で泳ぐコザルたち。

サルたちも、時には「余暇」を楽しんでいるのではなかろうか。

サルの土地利用に関して、以前から不思議に思っていることがある。近くに似たようなサイズの木が何本も生えているにもかかわらず、サルが利用する木はいつも決まっているようなのだ。春には葉や果実をつけるサクラの木が、夏にはホオノキが、それにあたる。以前、木の大きさや生育場所の地形を、利用する木と利用しない木で比べてみたのだが、同じサイズの同じ種でも使う木と使わない木がある、ということがわかった。木ごとに花や実の栄養価や味が違うのだろうか。それとも、群れのメンバーの中で、その木を利用する決まりでもあるのだろうか。食べる木をどうやって選んでいるのか、という問題は、将来の研究課題として残されている。

3・7 シカがもたらす間接的な影響

卒業研究で集めたデータを分析しているときに、私と高槻先生は面白いことに気づいた。シカの影響で増えた植物の一部が、金華山のサルの土地利用に影響を与えていたのだ。1・2節で、金華山にはトゲをもつサンショウやメギが多いこと、そしてそれはシカの採食圧の高さに原因があることを紹介した。これらのトゲ植物が、春や冬のサルの主要な食べものになっていたのである。日本国内で、これらの樹種にこれほど依存しているサルは、他にいない。このうち、春の主要食物であるメギは、島の北西部に広がる草原に多く生えているから、A群のサルはこの季節に草原を頻繁に訪れる(図30)。

「なるほど、シカの間接的な影響ということか」と高槻先生。

図 30　メギ（*Berberis thunbergii*、メギ科）を求めて草原にやってきた金華山のサル。

図 31　シキミ（*Illicium anisatum*、シキミ科）と、シキミを土台に枝を広げるつる植物のクマヤナギ（*Berchemia racemosa*、クロウメモドキ科）。クマヤナギの果実はサルの夏の食べものとなる。

シキミという、神社のお祓いなどに使われる木本植物がある。もともと島には自生しない植物で、神事に使う目的で島の外からもち込まれたものだ。この植物には強力な毒があり、シカが食べないため分布を徐々に広げて、現在は調査地の一角に林を構成している（図31）。この植物も、サルの土地利用に影響を与えていた。シキミの木を土台にしてつる性のクマヤナギが枝を広げ、夏になると真っ赤な実をつけるのだが、その果実がサルの主要な食べものとなっていた。この季節、サルはクマヤナギの果実を食べに一日数回、シキミ林を訪れる。前節で、夏の調査の際にサルが見つからなかったエピソードを紹介したが、その後わかったことがある。もし夏に彼らに会いたかったら、シキミ林で彼らが来るのを待っていればいい。クマヤナギのことを知ってから、私の夏の調査は格段に楽になった。

ある動物が利用する食べものの量や質の変化は、時にその動物と直接つながりのない、別の動物の暮らしに影響することがある。これはアメリカで実際に起きた話だが、家畜を襲うオオカミを害獣として駆除したところ、オオカミの補食圧から解放されたシカが増えて下層植生を食べつくしてしまった。食物が減った結果、家畜の個体数は、オオカミの駆除前よりも減ってしまったという。良かれと思ってとった行動が、かえって悪い結果をもたらしたという、皮肉な例だ。

3・8　最初のキーワード「生態系の一員としてのサル」

金華山では、サルの土地利用は主要食物の分布から影響を受け、また主要食物の一部はシカの旺盛な採食圧で増えた植物だった。したがって、サルの暮らしを理解するには、そこに暮らす生きもののつながりをきちんと把握することが大切だ。私は卒業研究を通じて、「生態系の一員としてのサル」という考え方の重要性に気づいた気がした。この視点に基づいて、金華山のサルのことをもう少し調べたい。

実は、卒業研究と並行して、私は大学院入試に向けた勉強をしていた。ただ、当時の私には金華山でのフィールドワークと東京での受験勉強の両方を要領よくこなすことは無理だった。入試の日、面接が終わると、高槻先生が不機嫌そうに帰ってきた。「君、本っ当にギリギリで合格だったんだからね。もっと勉強しなさい！」と叱られてしまった。案の定、試験成績が、かなり悪かったらしい。ただ、今後の研究に対する意気込みだけは、認めてもらえたようである。

野外調査の一日

サルの群れは、夜明けとともに活動を始める。彼らに置いていかれないように、サルの調査員は、春であれば朝の四時に起きて身支度を整え、キッチンでご飯をかきこみ、おにぎりをザックに放り込んで出発する。まだ寝ている仲間を起こさないよう、そっと玄関のドアを閉める。

もやのかかった薄暗い山道を歩くこと一時間で、前日のねぐらに到着。いた、いた。ぽりぽりと体をかいているメス、母親の胸に頭をうずめているコザル、早くも起き出してメギの花を食べている亜成獣(ワカモノ)などが目に入ってきた。少し離れた場所でザックを降ろし、GPSの電源を入れれば、観察の準備はオーケーだ。

辺りが白んでくると、サルたちはのそのそ動き出す。周りからときどき「クゥ」「……クゥ」という小さな声が聞こえてくる。これが「クーコール」。離れた仲間と位置を確認し合っているのだ。時おりビューという冷たい風が吹く尾根を、こちらを振り返りもせずにすたすたと歩いていくサルたち。そして彼らについていく私。

ケヤキの大木にやってきた。サルたちはするすると木に登り、一頭一頭がそれぞれ別の枝に陣取って、若葉を小枝から引き寄せて食べ始めた。サルたちは結局、この木に一時間近くも滞在した。

私は一〇分ごとに、群れ全体をぐるりと見渡す。そして「ええと……、rが3、f草が1、mが6……」などと「正」の字で、フィールドノートに書き込んでいく(図32)。暗号のように見えるのは、サルの行動のカテゴリだ。fは採食(feeding)、mは移動(moving)、rは休息(resting)を略している。「休息3、移動6、草本類の採食1……」などと漢字で書いていると、記録に時間がかかり、サルを見失ってしまうから、行動の頭文字だけをサッとメモするのだ。

……と、すねのあたりに「ちくっ」と痛みを感じた。ズボンの裾をまくると、大きなヤマビルが靴下に口を突っ込んでいた。ヤマビルは、長さ約三センチの吸血動物だ。金華山はシカの密度が高いため、その血を糧とするヒルが多い。血を求めて首を伸ばし、吸盤状の口がついた頭を左右にフラフラさせる様子はなまめかしく、血を吸った後は水風船のようにパンパンになるなど、気色の悪い生きものだ（図33）。うっかり押しつぶすと周囲に血が飛び散って大変なことになるし、無理に取り除こうとすると、傷口から血が流れて靴下が真っ赤になってしまう。彼らが満腹するのを待ち、そっと引き離すのが一番だ。そのあと数日は傷口がかゆくてたまらないのだが。

夏の調査で厄介なのは、小さな虫たちだ。暑い中、額から汗が流れると、それを吸おうと小さなハエが集まってくる。時々目に入るとズキッと痛み、とにかくうっとうしい。薄暗い林に入ると、今度はヤブ蚊が襲ってくる。さらにアブが私の周りをブンブン飛び回って、帽子ごしに頭を刺してくる。数日間お風呂に入っていない私の頭のニオイは、きっと魅力的なのだろう。

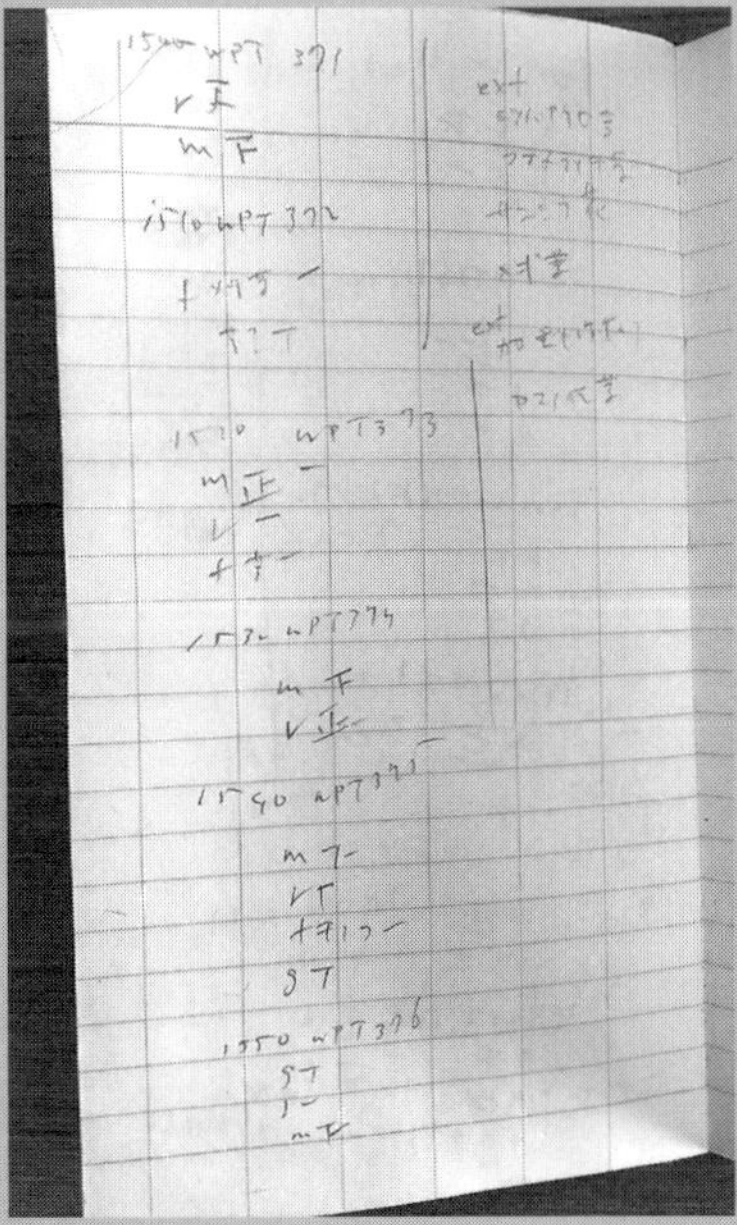

図32　ある日のフィールドノート。記号の羅列にしか見えないが、研究者にとって命の次に大切なものだ。

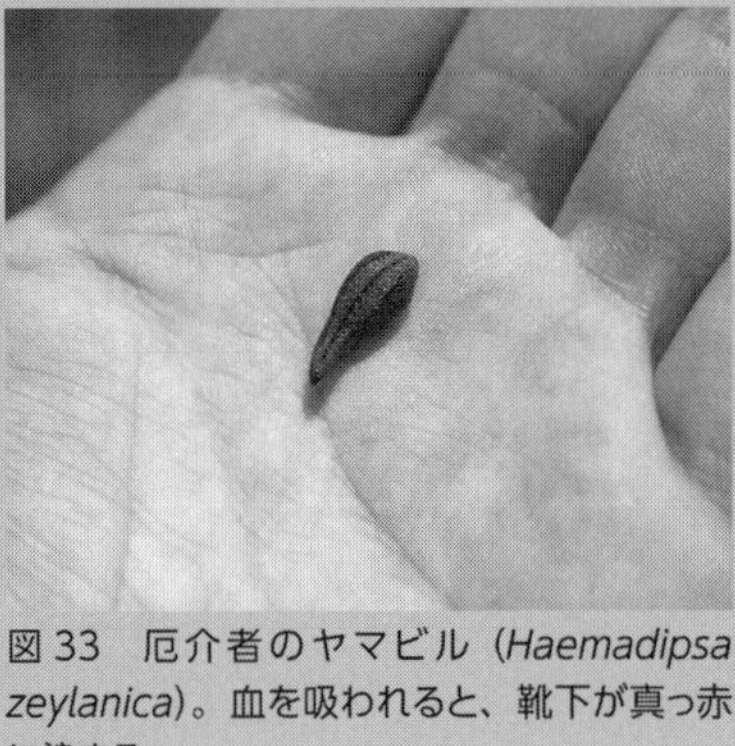

図33　厄介者のヤマビル（*Haemadipsa zeylanica*）。血を吸われると、靴下が真っ赤に染まる。

ノイバラのトゲにズボンを引っかけながら、そして顔にべったり張り付いたクモの巣をはがしながら、私はサルについてゆく。知らない食べものをサルが口にしていたら写真を撮り、果実はとりあえずかじってみる。GPSのバッテリーが切れたら、その日の位置データがパーになってしまうから、ときどき取り出して確認することも忘れてはいけない。

草原や尾根の南斜面など、日当たりのよい場所にやってくると、サルたちは動きを止めて、メスどうしや親子でグルーミングを始める。コザルたちは追いかけっこやレスリングに興じている。その辺に落ちている小枝やシカの糞を手で払って腰を下ろし、弁当を食べながら、気持ちよさそうに寝そべる彼らを眺めていると、雑務を忘れてのんびりした気分になる。サルを観察しながら、彼らの気持ちをあれこれ想像するのは楽しいものだ。のんびりくつろぐサルたちのそばで、心地よい風に誘われてうたた寝してしまい、はっと目が覚めたら彼らがどこにもいない、という恥ずかしい経験も何度かした。

テレビの動物番組は、根強い人気を持っている。動物たちの派手なディスプレイ、迫力のある狩りシーン、かわいらしい赤ちゃんなど、魅力的な映像が次々に映し出されるからだろう。ただ、このようなテレビ番組では、私たちは何千時間もの撮影の中で得られた印象的なシーンを編集してつなぎ合わせたものを見ているに過ぎない。調査の最中、インパクトのある動きや珍しい行動は、そう頻繁に観察できるわけではない。山の中では淡々と時間が過ぎていく。この時間を楽しいと感じるか、それとも単調で苦痛と感じるか。これがきっと、フィールドワーカーとそうでない人の境界線なのだろう。

4章　サルの食べものと栄養状態

4・1　大学院で何を研究する?

大学院に進学すると、高槻先生は私の研究について、以前ほど口を挟まなくなった。いや、別にケンカをしたわけではない。大学院で取り組む課題は、私自身で決めなければならないからだ。教員の指示に従っていればいいのは、卒業研究までだろう。大学院では、修士課程(二年)と博士課程(三年)、合わせて五年の間に複数の投稿論文を書き上げ、かつ博士論文を提出して審査をパスする必要がある。研究能力そのものと同時に、自己のマネジメント能力も問われることになるわけだ。

私は、卒業研究で気づいた「生態系の一員としてのサル」という視点での研究を続けようと決めていたが、進学当初は具体的なアイディアがなく、メインテーマがなかなか定まらなかった。サルの基礎生態は、これまでに数多くの研究者が取り組んできた分野だ。その中で、どうすれば自分のオリジナリティが出せるのだろうか。

研究室のゼミでのコメントも、次第に厳しくなっていった。先輩方から「何故サルにこだわるんだ。サンプル数が稼げないじゃないか。もっと実験しやすい動物なんていくらでもいるだろう!」「サルは個体差が大きすぎる。結果を一般化できないよ!」などという、もっともな意見を何度ももらい、気持ちは揺れた。しかし私は、①サルを調査対象とすること、②フィールド第一主義であること、そして、③環境との関わりという視点を重視すること、の三つを、絶対に譲りたくなかった。

4・2 食べることは、生きること

私は迷った末、メインテーマが固まるまでのつなぎとして、金華山のサルの食べものに関する通年のデータを集めることにした。卒業研究を投稿論文にまとめるための追加データの収集という目的もあったが、むしろサルたちに何かヒントをもらいたい、という気持ちが強かった。

栄養価・分布パターン・生育密度といった食べものの特性は、動物たちが利用する場所・滞在時間・くり返し利用の程度に影響する。食べる時間が延びれば、その分移動や休息、グルーミングに使える時間が減ることになる。それだけではない。ある食べものが、複数の群れがアクセスできる場所にあるとしたら、これらの群れの間で、食べものをめぐる争いが起こる。争いの程度は、食べものの供給量が少ないとき、あるいは食べものの質が良いときに、より激しくなるだろう。大切な食べものを他の群れに奪われないよう、群れのメンバーは協力して防衛しようとするが、メンバーは仲間であると同時に、群れ内で食べものをめぐって争うライバルでもある。したがって、食物環境は群れ内の個体関係に影響するかもしれない。このように、「食」は動物たちの暮らしの様々な側面に影響する。

「食」は、応用分野の研究でも大切だ。個体数が著しく減っている集団を守ろうとするとき、動物そのものの保護や飼育下での増殖に加えて、彼らの生息地の保全を進める必要があるが、対象動物にとって重要な食べものを事前に調べておけば、保全戦略を具体化できる。いっぽう、動物による農作物被害の対策に取り組む際に、彼らにとっての農作物の価値を評価しておけば、彼らが農地にやってくる時期を予想したり、狙われる可能性の高い作物を効果的に守ったりすることができるはずだ。

大学院では講義がほとんどないため、調査に専念できるようになる。私はほぼ毎月島に入って、サルの行動観察を続けた。このころは、隣のB_1群のサルの行動生態を研究していた風張喜子さん（北海道大学）、生まれた群れから出たオスザルの生活を調査していた川添さん、そしてシカ調査チームと調査時期が重なることが多く、彼らとの共同生活も、金華山行きの楽しみの一つだった。

4・3　グルメなサルたち——四季の食べもの——

修士課程での二年間の調査を通じて、金華山のサルは、果実や葉はもちろん、花・芽・樹皮など、植物のさまざまな部分を食べることがわかった。以下、それぞれの季節の食べものを紹介しよう。（口絵二〜三ページも参照）

春（三〜五月）——春は、厳しい冬を乗り越えた草木が若葉を出す時期だ。ケヤキの若葉はやわらかく、またタンパク質が豊富なので、サルたちが好んで食べる。サクラやメギの花も、この季節の彼らの大好物だ（図34a、b）。

夏（六〜八月）——初夏は梅雨のため地面がぬかるみ、またヒルが多くて気が滅入る季節だが、カマツカやヤマボウシが白いきれいな花を咲かせる。この時期は、サクラやノイチゴの仲間が赤い実をつける。一年でこの時期にしか利用できないごちそうだ。梅雨が明けると、今度は蒸し暑い夏がやってくる。意外に思うかもしれないが、夏はサルの食物事情があまりよくない。この時期に実をつける植物は少なく、また葉や茎が硬くなり、消化しづらくなるからだ。この季節にサルを支える食べものは、地面に一本ずつ生えるキノコ類だ。サルたちはそれらを一本ずつ引っこ抜き、カサの部分だけモグモグと食べる（図34ｃ）。キノコを食べることができるのは、最初に手にした一頭だけだから、移動の際にキノコを見つけると、サルたちは我先にと取りにいく。この季節は、クモ、バッタ、セミなどの昆虫もよく食べる。

秋（九～一一月）――秋は涼しく、調査に最も適した季節だ。サルにとって、一年を通して最も食べものが豊かな季節でもある。たわわに実ったガマズミの果実はジューシーで、サルは房ごとパクリと口に入れる。食べ終わったころには、彼らの口の周りは真っ赤に染まる（図34ｄ）。サルたちは他にもカマツカやウラジロノキなど赤い果実（液果 berry）を好んで食べる。だが、この季節で最も重要な食べものは、脂肪分の豊富な堅果類（nuts）だ。地上に落ちたコナラやミズナラなどのドングリ類、そしてケヤキ、ブナの実がこれにあたる。サルたちは、これらの木にやってくると、堅果拾いに数時間を費やすこともある（図34ｅ）。この季節の食物リストの作成は大変だが、サルの「食」に関する知識が、一年で最も増える季節でもある。

冬（一二～二月）――冬は、一年の中で最も食べものが不足する季節だ。樹上の果実はヤドリギのみで、葉もほとんど落ちてしまうため、サルは落ち葉をかき分けて、地表にわずかに生えるチヂミザ

図 34　金華山のサルの季節変化。a) メギの若葉、b) ケヤキ（*Zelkova serrata*、ニレ科）の若葉。c) キノコ。d) ガマズミ（*Viburnum dilatatum*、レンプクソウ科）の果実。e) 地面に落ちた堅果類。f) クマノミズキ（*Swida macrophylla*、ミズキ科）の冬芽。

サの葉や茎を引っこ抜いたり、林床に残ったサンショウの樹皮に齧りついたり、クマノミズキやヤマボウシの冬芽をぼそぼそと食べて過ごす（図34ｆ）。

図35は、私が二〇〇〇年から二〇〇五年にかけて行った行動観察の結果をもとに、金華山A群の食べものを月ごとに整理したものだ。春は若葉、夏はキノコ類と動物、秋は果実（液果と堅果）、そして冬は草・樹皮・冬芽と、食べものが季節ごとにシフトしていく様子が見て取れる。果実を中心としながらも多様性に富むその食生活は、年を通じて果実が大部分を占める熱帯地方のマカク類の食性（9章で紹介する）とは大きく異なる。私たちの暮らす日本の気候は四季で特徴づけられるが、それは植物の生産量に、そしてそれを利用するサルの食性に、多大な影響を与えているのだ。

グローバル化が進み、欲しい食材を世界中から入手できるようになった現在だが、それでも私たち日本人は、食材の「旬」を大切にしている。温帯の環境では、食材の量や多様性は季節ごとに決まっている。この制約の中で、私たちの先祖はより美味しいもの、より栄養価があるものを追求してきた。その結果、私たちは季節の味覚を楽しむ民族になったのだ。この点、私たちの食文化とサルの食生活には共通する部分がある。ともに日本に暮らす同胞として、私は彼らに親近感を覚える。

同じ季節でも、食べものは週単位で変わる。二〇〇四年の秋、大きな台風が金華山を通過したことがあった。台風通過前、A群のサルはクマノミズキの果実、カヤの種子などさまざまな食べものを利用していたが、台風通過後はレモンエゴマの種子とコナラの堅果の二品目だけを集中的に食べるようになった。さらに、台風通過後はサルたちの移動割合が減り、移動速度もゆっくりになった（図36）。

多くの植物の果実が、強い風雨のために地面に落下し、泥や葉にまみれて見つけにくくなったことや、地上に落ちた果実がシカやネズミに食べられて量が減ったことが、その理由だろう。いっぽう屋久島では、サルは初夏の主要な食べものであるヤマモモの果実の利用を、その成熟度合いに応じて変えたという報告がある。サルたちは、天候が食べものの現存量に与える影響や、食物の「旬」を熟知しているようだ。

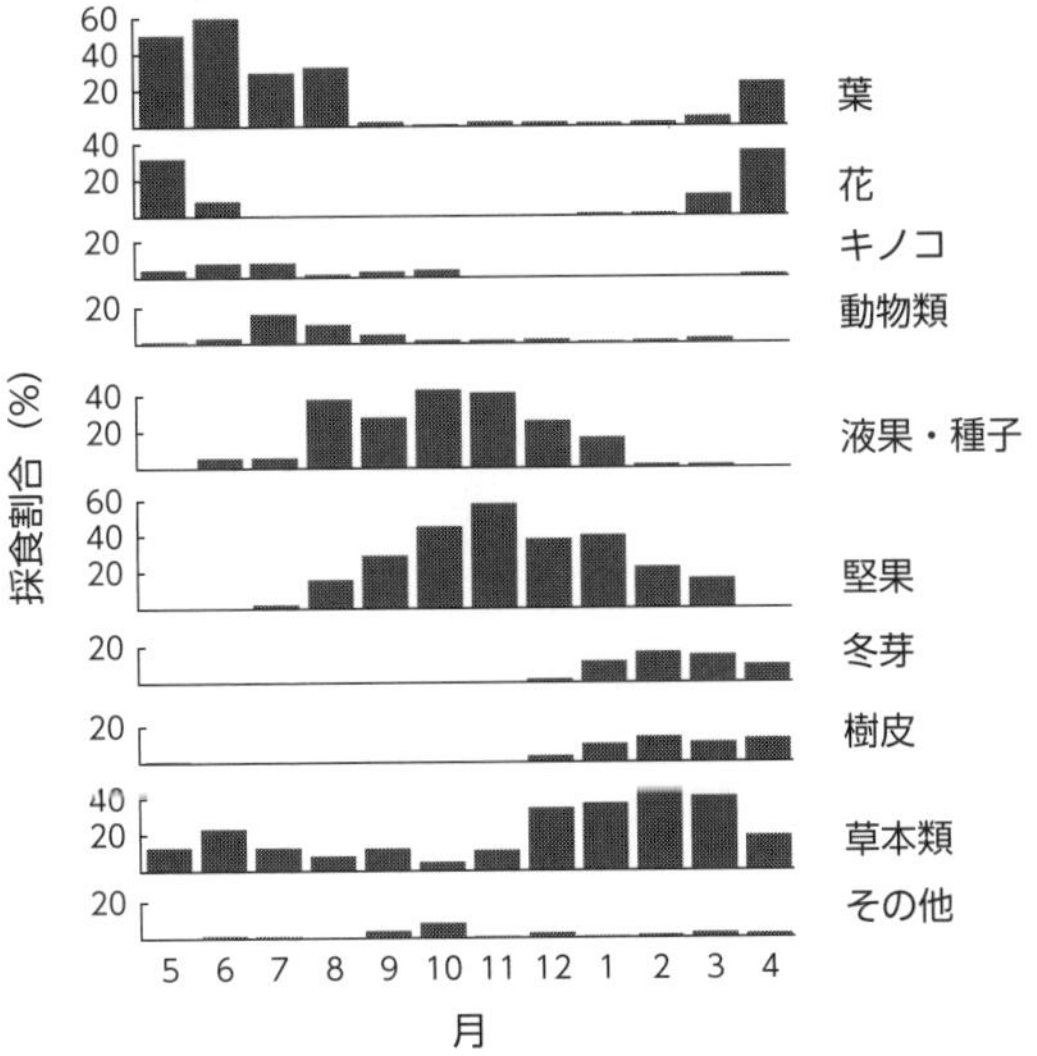

図 35　金華山 A 群のサルの食性（採食割合）の月変化。2000 年から 2005 年の調査結果に基づいて作成した。

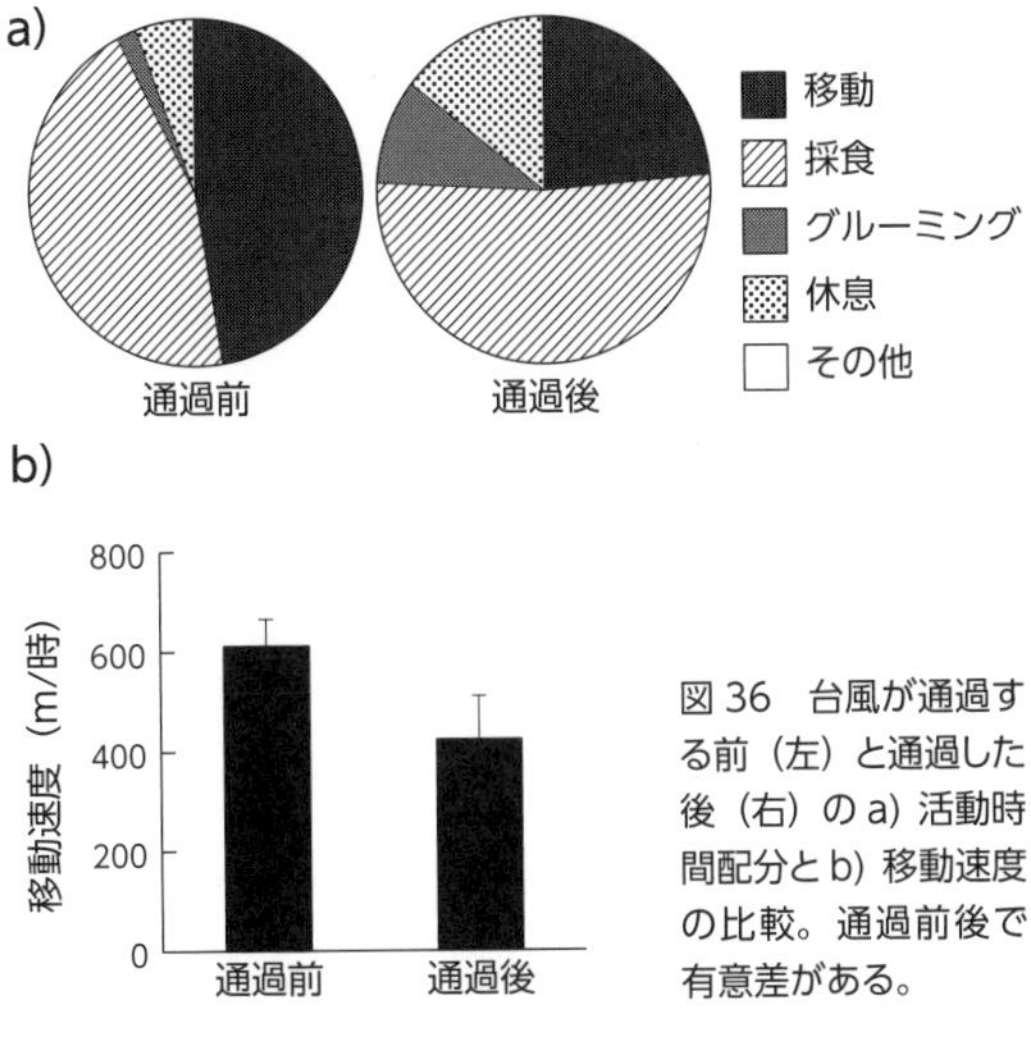

図 36　台風が通過する前（左）と通過した後（右）の a) 活動時間配分と b) 移動速度の比較。通過前後で有意差がある。

4・4　食べものと栄養状態の関係

金華山のサルの採食行動と、食物品目ごとのカロリー量（詳細は6章）を組み合わせたのが、図37だ。この図から、サルのエネルギー収支が黒字になっている季節は春と秋、そして収支が赤字の季節は夏と冬であることが見て取れる。

秋はサルの交尾期で、かつ厳しい冬に備えて脂肪を蓄えなければならない（2章）。メスの場合、この時期に十分な脂肪を蓄積することが、妊娠の維持に必要だという。春はサルの出産期で、母親は授乳のために余分なエネルギーを必要とするから、この時期の収支が赤字であることは、彼らにとって致命的だ。

冬は、主要な食べものである樹皮はあまり速く食べることができないため、この季節のエネルギー摂取量は少なくなる。同じく冷温帯の青森県・下北半島や長野県・志賀高原でも、冬のオトナのエネルギー収支が赤字だと報告されている。とくに志賀高原では、冬の食べものから得られたエネルギーは、要求量の二〇パーセント程度しか満たせていなかった。つまり、冷温

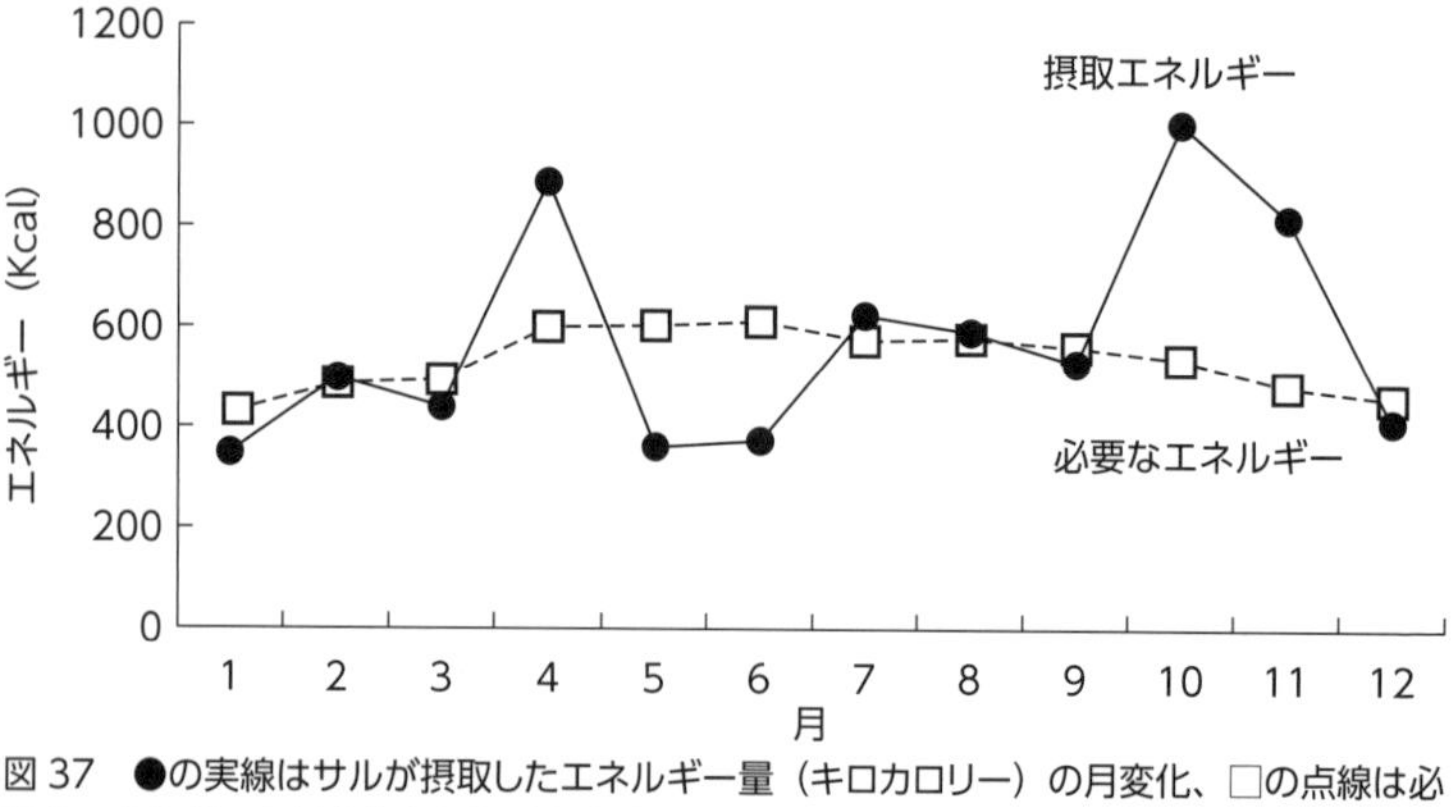

図37　●の実線はサルが摂取したエネルギー量（キロカロリー）の月変化、□の点線は必要なエネルギーの月変化をそれぞれ表す。

帯地域では冬の食べものだけでは命をつなぐことができないのだ。

食物の豊富な秋に食いだめをして脂肪を蓄え、食べものが乏しい冬は秋の貯金を切り崩しつつ、最低限のものを食べてやり過ごす。これが、金華山のサルたちのやり方だ。四季にともなう食物供給の変化が、このような繁殖戦略をもたらしたのだろう。

翻って、私たちヒトはどうだろうか。私たちの先祖は、もともと狩猟採集民だったと考えられている。日々の食料は保証されていないため、食べものの豊富な時期に食いだめし、食料不足の時期は体脂肪を使って飢えに耐えるという、サルとよく似た生活を送っていただろう。余分なカロリーを脂肪として蓄える生理機構は、その名残として現在も遺伝的にコードされている。現代人は毎日のようにカロリーの高い食事をし、また運動が不足しがちだから、脂肪の蓄積が常態化してしまっている。肥満は、自然から逸脱して生活する現代のヒトに固有の問題なのだ。

4・5　初めての論文執筆

修士課程に進んだ私には、金華山でのフィールドワークと並行して、もう一つ大きな仕事があった。それは、卒業研究の内容を、学術雑誌に論文として公表することだ。研究活動は、調査をして結果を出せば終わり、ではない。得られた知見は、学術雑誌に投稿して専門家の審査を受け、その成果を公にする必要がある。高槻先生は、税金を使って研究している以上、大学人が論文を書くのは当然、という考えの持ち主だったから、「英文の校閲費は援助してあげるよ。ま、書いてみたら」と、私の初めての論文書きを後押ししてくださった。「ガクジュッ論文」と聞くとなんだか敷居が高そうだが、ともかくやってみよう。

より多くの研究者に読んでもらうため、大学院生は英語で論文を書くのが一般的だ。しかし論文書き初心者にとって、英語での作文はなかなか高いハードルだ。さしあたって、日本語で書いた卒論を英文に直訳してみる。「ええと……『サルの行動圏を縦五〇メートル、横五〇メートルの正方形に区切った』は英語でなんて書くのかな……」「『〇〇について考察した』は、I discussed about 〇〇でいいんだっけ？（違う！）」。高専時代に使った英文法のテキストまで引っ張り出し、パソコンとにらめっこの末、二カ月かけて原稿（のようなもの）が完成した。

次の関門は、高槻先生のチェックだ。先生は、原稿を書くのも読むのも、鬼のように速い人だった。原稿を手渡してほっとしたのもつかの間、翌日にはコメント付きの原稿が戻ってきた。「論理がなっていない。書き直し！」「この文章で何を言いたいのかわからない」「引用文献をずらずら並べて『こんなに勉強しました』というアピールはいらないよ！」云々。元の原稿は、ほとんど原形をとどめないくらいに直されていた。コメントの中には納得できないものもあり、それについては先生のオフィスまで反論に行くのだが、初めのうちは全く歯が立たず、逆に論破されてしまうことがほとんどだった。書いては直し、書いては直しを繰り返し、投稿用の原稿が完成したのは、執筆開始からほぼ半年後のことだった。完成した論文は、『エコロジカル・リサーチ（Ecological Research）』という英文誌に郵送した。今でこそウェブ上で簡単に電子投稿できるが、当時は印刷した原稿を封筒に入れて郵便局までもっていくのが普通だったのだ。

待つこと三カ月。年度末に編集長から届いたメールには「掲載の価値はあるが、修正が必要である」とある。よかった、掲載拒否（リジェクト）ではないぞ。ただ、添付されていた査読者からのコメントを見て、私はぎょっとした。統計の方法、論理の見直しなど、膨大な修正を要求していたからだ。そう、これが最後の関門、査読者とのやり取りだ。論文を改稿して投稿し直す際は、文章の修正に加えて査読者のコメント一つ一つにどのように対応したのか（あるいはしなかったのか）を説明した手紙をつける必要がある。査読コメントへの対応がまずいと、一転して掲載が拒否されることもあるので、注意が必要だ。この論文の場合、査読者の一人が特に厳しく、こちらの修正に何度もダメ出しをしてきた。彼とのやりとりは三回続いた。「何だこの人、いちゃもんばかりつけて！」カッとなったがぐっとこらえて指示に従い、解析をやり直した。そして、私は気づいたのだ……自分の手法が誤っていたということに。恥ずかしさで顔が真っ赤になり、この査読者に感謝と謝罪の手紙を書いて、四回目の投稿。数週間後、この雑誌から、受理（アクセプト）を知らせるメールが届いた。「あれ、意外とあっさりなんだな……」嬉しいというより、やっと終わったという解放感のほうが強かったかもしれない。

二〇〇四年の七月、私の初めての論文が掲載された『エコロジカル・リサーチ』が、研究室に届いた。私は研究室のデスクでドキドキしながら雑誌のページをめくり、自分の論文を探した。「あっ、載ってる！　Yamato Tsuji & Seiki Takatsuki !!」自分の仕事がようやく世の中に出たことが嬉しくて、とっくに覚えているはずの内容を、私は何度も読み返したのだった。執筆開始から、二年の月日が流れていた。

フィールドワークは楽しい。しかし、これまでは先人から学ぶだけだった自分が、今度は情報を提供する側に回ることができたという喜びは、私にとって調査に匹敵するくらい大きなものだった。たとえ私が死んでも、私の仕事は後世に残るだろう。いつかどこかで、知らない誰かが私の研究に刺激を受けて、サルの研究をさらに進めてくれるかもしれない。好きな動物を観察できて、かつ「知を生み出す」という行為に関わることのできる研究者は、何と素敵な商売なのだろうか。このころから、私の中で「プロの研究者になる」という、はっきりした人生の目標が見えてきた。

さて、研究成果の速やかな公表は、四〇を過ぎた現在でも私の大切なルールになっている。面白いもので、論文を書くスピードは、回を重ねるごとに上がっていった。あれこれ悩むより、まずは書いてみるのがよいようだ。

島の夜

太陽が牡鹿半島の西に沈み、辺りが薄暗くなってくると、サルたちは谷に向かって移動し始めた。今夜はそこで一晩を過ごすことにしたらしい。寒いところで長時間寝ていたら体力を消耗してしまう。したがって、どこで眠るかは、サルたちにとって重要な問題だ。泊まり場の位置は、研究者にとっても大切な情報だ。前日に泊まり場の情報をつかんでおけば、翌日の調査が楽になるからだ。研究者が寝坊した場合はその限りではないが。金華山に限らず、サルは決まった泊まり場を持たないが、好んで使う場所がある。それは谷の中や岩陰など、風が吹き込まない場所だ。春や夏には、食べものが近くにある場所も泊まり場に選ばれやすい。

寒い季節、サルたちは寝るときに数頭が固まって「サル団子」をつくる（図38）。ときどき「押しくらまんじゅう」のように体をユサユサと揺らして、温め合っているようだ。夜が明け、辺りがすっかり明るくなっても、サルたちはこの状態でしばらくじっとしている。寒い朝私たちは布団から出たくないものだが、サルた

図38　金華山名物の「サル団子」。時おり体をゆさゆさとゆすって温めあう。

ちもきっと、似たような気持ちでいるのだろう。

彼らの動きが止まったのを確認すると、私はGPSの電源を切って帰途につく。調査小屋にたどり着くのは一九時を回ることもある。山道は、土がむき出しで踏み固められているから歩きやすいが、サルが山奥まで行ったときには、細いケモノ道を通って帰らざるを得ず、日が暮れると道に迷ってしまうから、懐中電灯は必須だ。調査小屋に戻るころにはシャツが汗でぐしょぐしょになり、靴を脱ごうとしても足の裏が汗でくっついて離れないときがある。集めたサンプルを冷凍庫に入れて、玄関に腰を下ろして自分の足をタオルで拭きながら「今日も終わったなぁ」とほっとする。

調査小屋では、その日の夕食の支度は、調査から最初に戻ってきた人がするという暗黙のルールがある。上京するまであまり自炊をして

図 39　調査小屋の一コマ。ここではサル研究者とシカ研究者が仲良く暮らしている。

こなかった私にとって、はじめの数年は調査小屋での料理が苦痛だった。サルの調査メンバーはじめ南さん、大西さん、そして私とほぼ同時期に金華山でシカの研究を始めた樋口尚子さん（大阪市立大学）はみな料理が得意で、レトルトの調味料は絶対に使わない主義だ。彼らは舌が肥えているから、私がつくった「中まで火の通っていない唐揚げ」や「水の分量を間違えて芯の残ったご飯」はなかなか減らなかった。

夕食は、そのときの調査小屋の利用者で一緒に食べる。配膳や片づけも、分担して行う。いろいろな動物の研究者が共同で暮らす調査小屋の風景は、金華山の生態系の縮図と言えなくもない（図39）。夕食後は、その日の移動ルートやサルの食べものを調査小屋の記録用紙に書き込んでから、自分のデータ整理をしつつ研究仲間と雑談をする。関西人の研究者が多いためか、食堂は常に笑いが絶えなかった。無口な私はほぼ聞き役だったが、寝床に入るまでのまったりとした時間が、とても好きだった。

日中、斜面からずり落ちないように足を踏ん張っているため、サルの行動観察を四日も連続で行うと、ふくらはぎがパンパンになってくる。そんなときは「明日は休みたいなぁ」という誘惑にかられるが、そんな日はたいてい、研究上重要なデータをとらねばならない日なのだ。調査に行くべきか、それとも休んでしまうか。これはもう、自分自身との闘いだ。調査続きで疲れた夜、翌日が大雨という天気予報が出ると、がっかり半分だが、内心「今晩は遅くまで酒が飲めるぞ」と喜んでいる自分もいた。

5章　実りの秋と実らずの秋

5・1　二つ目のキーワード「年次変動」

サルの調査を開始して二年目、大学院修士課程一年目の、二〇〇一年の秋のこと。いつものようにA群のサルを追いかけていたとき、私はサルの一日の動きや利用する場所、そして食べものが、前年のそれと大きく異なることに気がついた。「昨年はもっと山の奥でケヤキやシデ類を食べていたのに、今年は神社の近くでカヤの実ばかり食べている……それに、今年はなんだかたくさん歩いているような気がするぞ……」。同じ秋でも、サルの暮らしには年によってずいぶん違いがあるらしい。

先行研究を探したところ、動物の食べものや土地利用の年による違いは、果実、とくに堅果類の結実量の多い、少ないによって引き起こされる、ということを知った。この豊凶現象は、生態学的には植物の繁殖戦略とみなせる。毎年同じ量の実をつけると、捕食者たちは次第に個体数を増やし、せっかくつくった実が食べられてしまう。植物は年によって結実量を変える仕組みを身につけて、捕食者の個体数と同調しないようにしているようなのだ。

関連する文献を読み進めていくと、堅果類の豊凶が動物に与える影響について調べた過去の事例は、ネズミや昆虫を対象としたものがほとんどで、より大型の動物の暮らしに与える影響についての研究は、あまりなされていないことを知った。そしてその理由が、植物と動物のデータを同時に、長期間集めることの難しさにある、ということも。最先端の理論の検証は、修士課程の二年間ではちょっとできそうにないが、毎年のデータをコツコツ積み上げていくことならできそうだ。よし、修士論文のメインテーマはこれだ。私は、堅果類の結実の年変動とサルの暮らしの関係を調べることにした。

5・2　山の実りの評価

それぞれの年に、堅果類がどれくらい実をつけているのかを評価するため、私は地上に落ちた堅果類の数を評価することにした。この調査は、落ちてきた堅果類を集めるためのトラップ(種子トラップ)をサルの行動圏内に設置することから始まる。一般的には、虫取り網のアミの部分を上向きの状態で固定したものを種子トラップとするが、金華山の場合、サルやシカにいたずらされるのでその方法は使えない。そこで私は、まず木の下にポリバケツを設置して、その中に網をセットすることにした。

大きなバケツを五つと、穴掘り用のスコップを背負子に積んで、神社の前を通りかかると、職員さんに「おや、辻君はいつからバケツの行商人になったんだい?」などとからかわれ、苦笑いして通り過ぎた。一時間ほど、バケツの重さでフラフラしながら、したたる汗をぬぐいながら山を登り、適当な大木を見つけると、大きな枝の真下に穴を掘る。スコップが大木の根っこや岩に当たって「ガチン」と大きな音をたてる。バケツを埋めて土をかけ、中に重石としてひと抱えほどの岩を入れる。堅果類を回収するための網を入れたあと、サルが手を突っ込まないように、バケツ上部にもう一枚、大きめの網をかぶせれば、種子トラップは完成だ。私はバケツを背負って何度も山に登り、二〇〇二年の秋までに、合計四〇個の種子トラップを設置した（図40ａ）。

それ以降、サルの観察に加えて、種子トラップに落下した堅果類の回収とトラップのメンテナンスという項目が、私の調査に加わることになった。一シーズンに数回、すべての種子トラップを見て回り、中身（葉と堅果類）を回収した。種子トラップのメンテナンスには、予想以上に時間を取られた。シカの角に突かれたり、落ちてきた枝が当たるなどしてバケツが壊れたり、網がはずれたりするので、そのつど修理が必要になるからだ。ある種子トラップは、設置して一週間後に台風で木が倒れて押し

図40　a）設置した種子トラップ。b）種子トラップの上で遊ぶコザルたち。

図41　回収した種子をカウントする私。

つぶされてしまい、この時はショックで頭を抱えた。中身の回収に行ったら、トラップに弁当の空容器が入っていたこともある。どうやら神社の参拝客が、ゴミ箱と勘違いして突っ込んでいったらしい。いっぽうコザルたちは、このトラップを楽しい遊び場だと思っているようで、トランポリンのように跳ねているのをよく見かけた（図40b）。彼らが遊んだ後にトラップで用を足していくのには閉口したが……。

種子トラップの中身は調査小屋に持ち帰り、堅果類だけをより分けてカウントする（図41）。種子トラップには、多いときは数千個もの堅果類が落ちるから、カウントには一つの種子トラップだけで数時間かかることもあった。カウント中に話しかけられると、数を忘れてしまい、一からやり直し。雨の日に回収したサンプルは、葉と堅果類がくっついてぐちゃぐちゃの状態なので、より分ける手間とストレスは倍増した。

「あーもう、面倒くさいっ！」

二〇〇一年と二〇〇二年の結実を比べてみよう。前者はカヤだけが実をつけたのに対して、後者はブナとカヤが多く実をつけた。予備的な調査を行った二〇〇〇年（この年は種子トラップを五つだけ設置）には、シデ類とケヤキが多く実をつけた。三年間の結実のパターンは、年

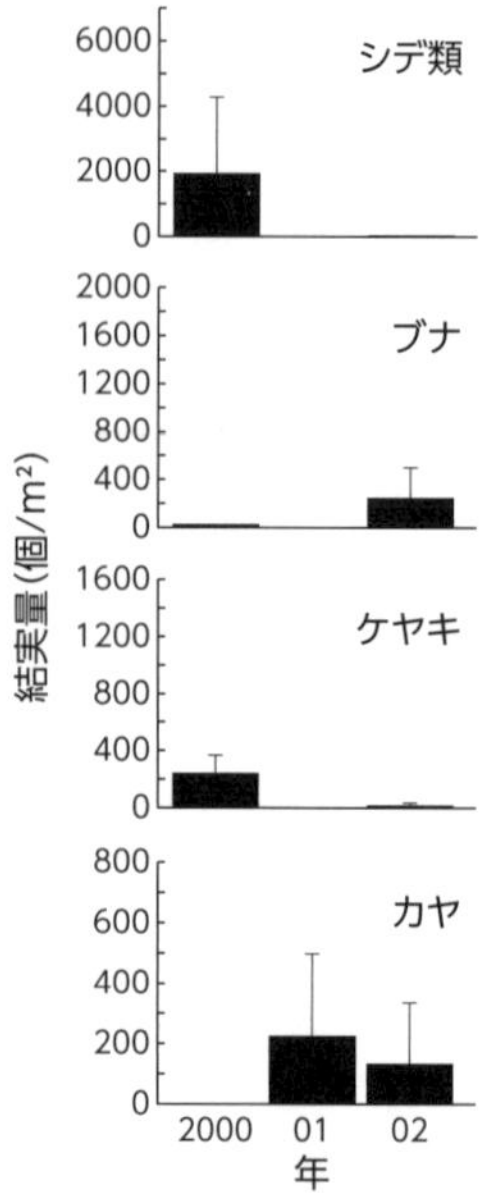

図42　金華山の代表的な堅果類（シデ類、ブナ、ケヤキ、カヤ）の結実量の年変化（2000年-2002年）。図の縦棒は標準偏差（データのバラつき）を表す。

ごとに大きく異なっていたのだ（図42）。

堅果類の結実のモニタリングを始めて二年目に、このプロジェクトの途中経過を学会で報告したところ、ある教授に「……それで、あなたはこの調査をあと何年続けるつもりですか？」と質問された。「そうですね。二〇年くらいはやる必要があると思います」と返したところ、会場からクスクスと笑い声が聞こえてきた。同じ調査を何十年も続けるのは現実的ではない、と思われたのだろう。ただ、私は直感で、結実との関連性はサルの生態の本質に迫る問題だと思ったから、この反応にはかえってファイトがわいてきた。この調査を継続できたなら、きっと自分ならではの仕事になるはずだ。

5・3　山の実りとサルの暮らし

図43は、各年にA群のサルが堅果類を食べた割合とその内訳を、私が調べた五年間（二〇〇〇～二〇〇四年）と、それ以前にA群の食性を調査した中川尚史さん（京都大学）、藤田さん、杉浦さんの報告から抜き出したものだ。この図からは、二つのことが読

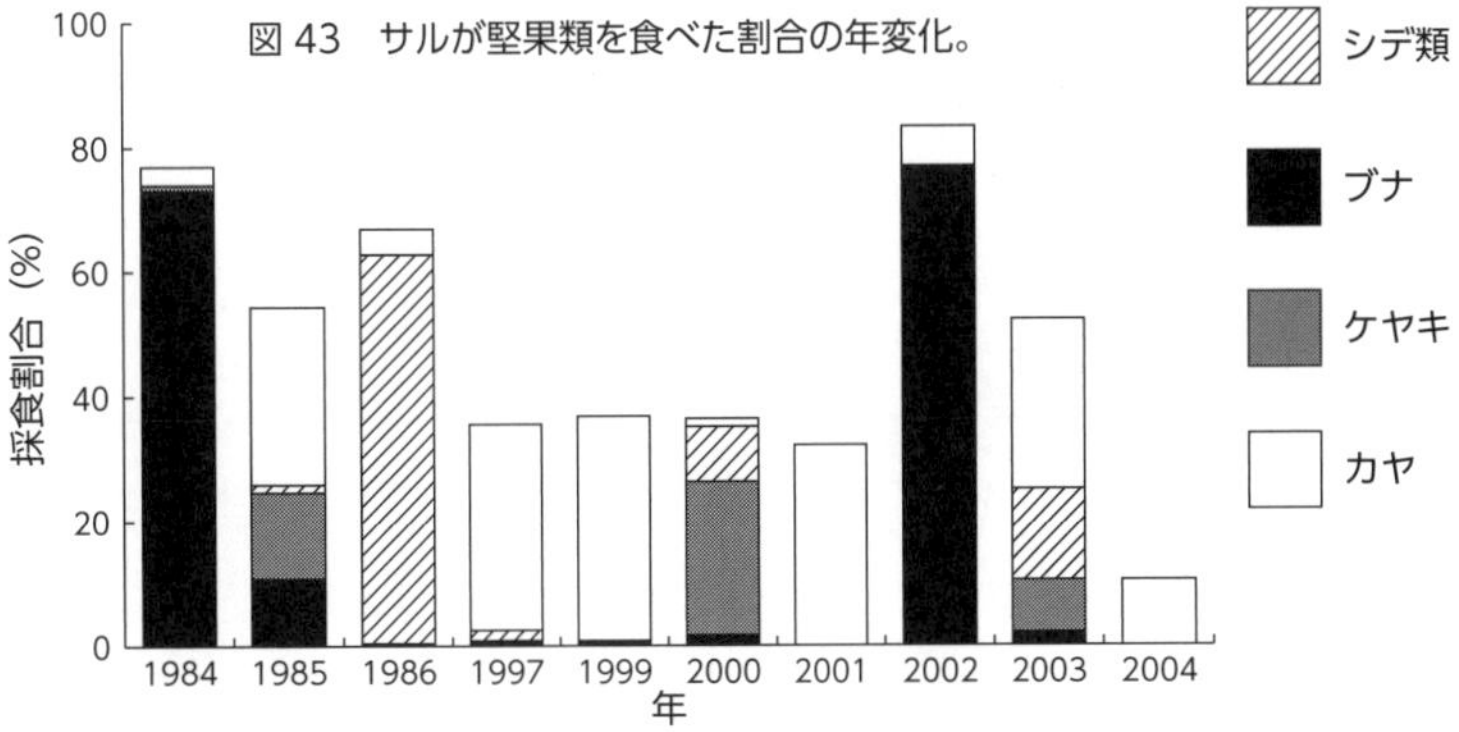

図43　サルが堅果類を食べた割合の年変化。

み取れる。まず一つは、食べもの全体における堅果類の割合が、年によって大きく違うこと。たとえば一九八四年や二〇〇二年は食べもの全体の六〇パーセント以上が堅果類だが、二〇〇四年はその割合がたったの一〇パーセントしかない。もう一つは、サルが食べる堅果類の種類が、年ごとに異なること。たとえば一九八四年と二〇〇二年は大部分がブナの堅果、一九八六年はシデ類の堅果の割合が高い。つまり「秋」と一口で言っても、サルたちの食糧事情は年ごとに違うということだ（図44）。

金華山のブナの木は、標高一五〇メートル以上の場所に多く生えるので、この実が大豊作になると、山の中は文字通り、食べもので満ちあふれ、サルはこの実を一日中食べ続けることができる。トラップのデータとサルの行動とを関連付けることによって、サルの秋の食べものの変化の大部分はこれらの堅果の成り具合の影響を受けていることが、はっき

図44　この年（2000年）はケヤキが多く実をつけ、ケヤキの大木の下で落ちた堅果を拾う姿が見られた。

図 45　2000 年から 2005 年にかけての A 群の秋の行動圏。色の濃さはサルの利用頻度を表す。利用している場所が年ごとに異なることがわかる。

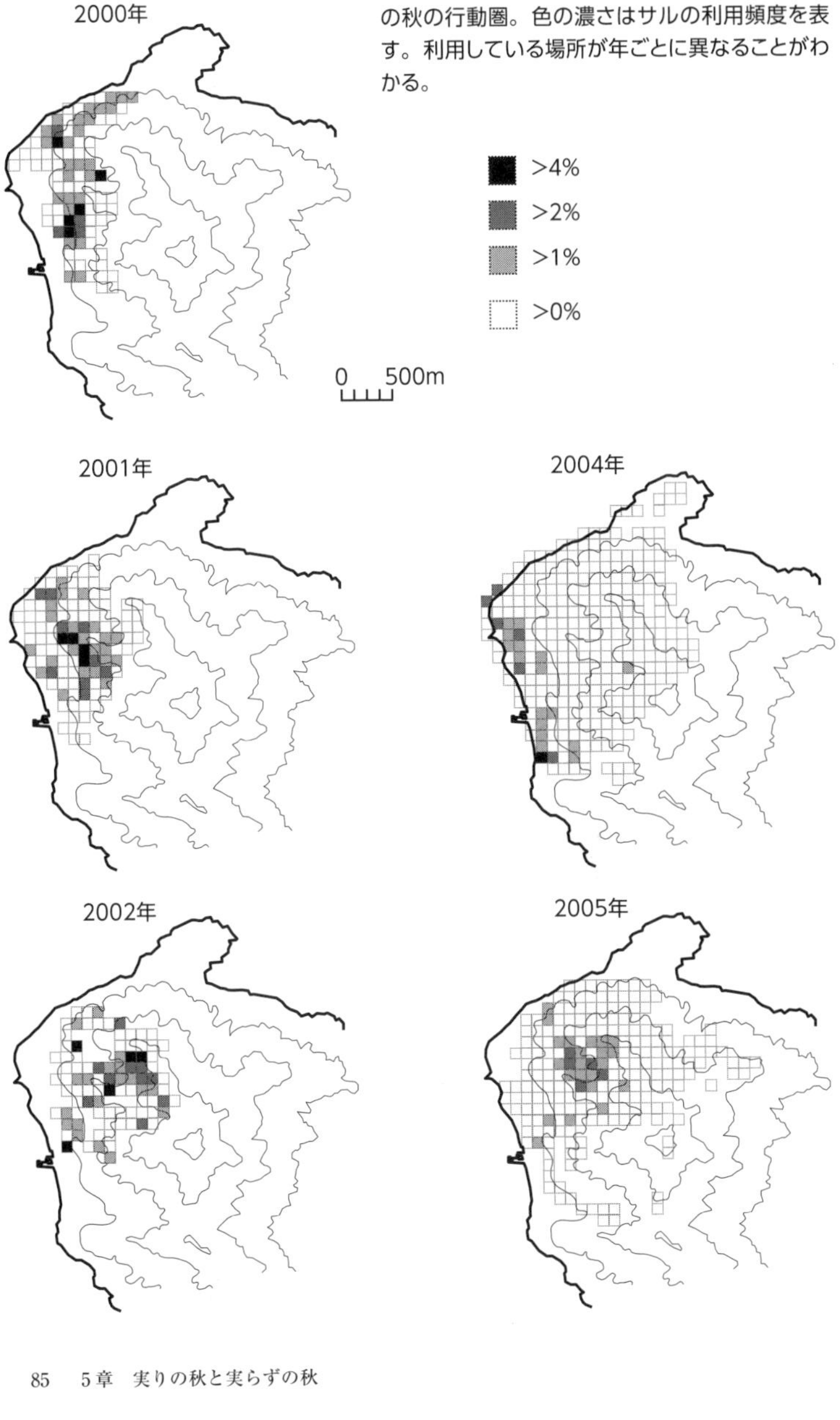

りと示された。「実りの秋」と言われるが、年によっては食べものがない秋、つまり「実らずの秋」も存在するのだ。

年による食べものの違いは、サルの暮らしの別の面にも影響を与えた。まずは利用場所。サルたちが秋によく使う場所は、当然ながらその年に多く実をつけた堅果類が多く生える場所だった（図45）。次に、活動時間の配分。ブナが豊作だった二〇〇五年は、行動圏のどこにでも食べものがあるため採食と移動の割合が低く、その分休息の割合が高く、また多くの時間を交尾に費やした（図46）。

栄養価の高いブナの実をたらふく食べたためだろう、二〇〇五年の交尾期には多くのメスが発情してオスを受け入れた。当然オスたちの恋人探しも活発で、この年、金華山はオスとメスの駆け引きでにぎやかになった。それだけならいいのだが、

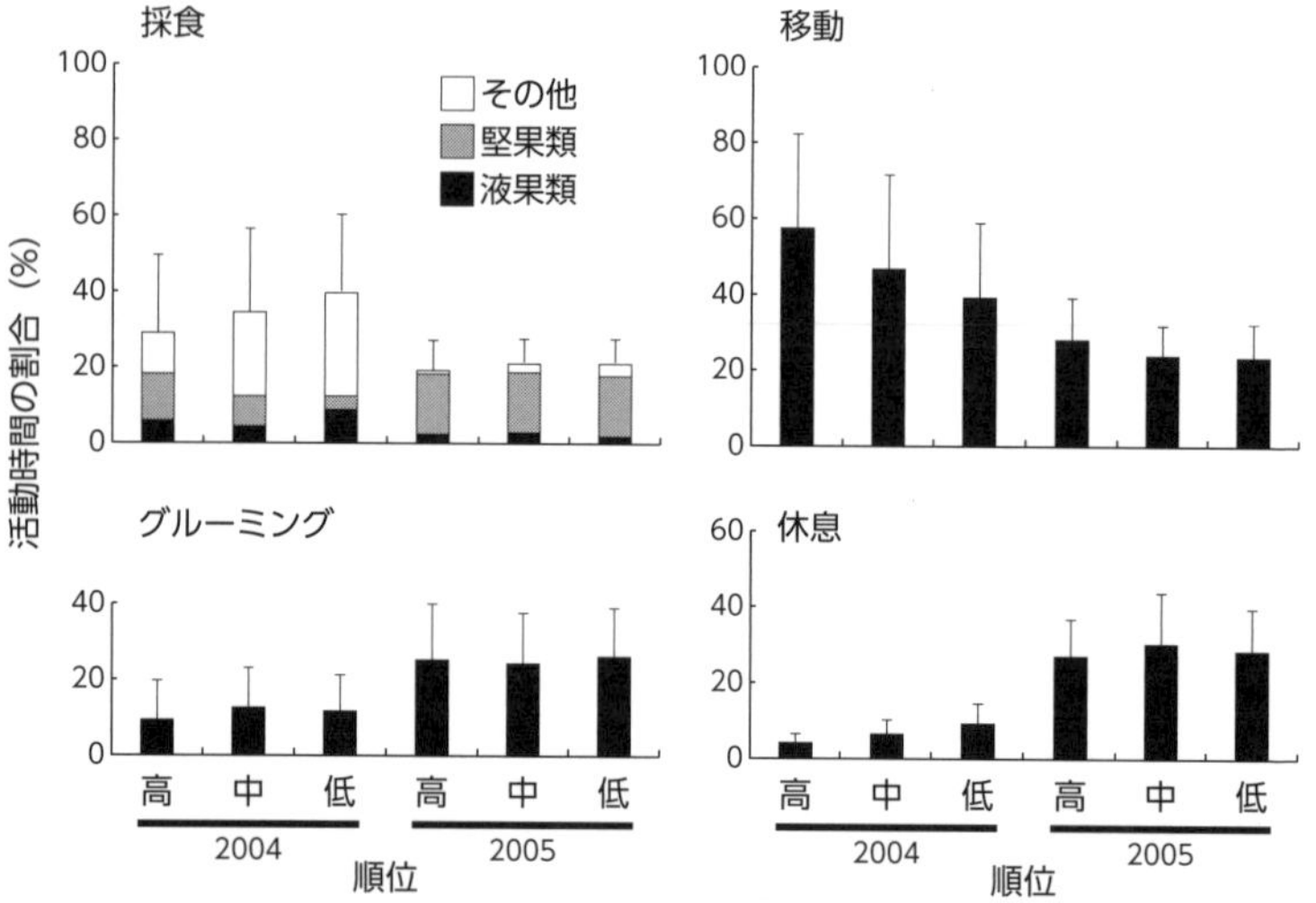

図46　サルの活動時間配分の年変化（2004年と2005年）。各年のデータを順位（高順位、中順位、低順位）で分けた（詳細は6章）。図の縦棒は標準偏差（データのバラつき）を表す。

興奮したサルたちが神社の境内を走り回って窓ガラスや瓦を割る、厨房で暴れるなど大暴れしたため、神社の職員さんから「辻君が観察している群れだろ、何とかしてよ！」と苦情がくるほどだった。いっぽう二〇〇四年には、主食であるカヤの生えている場所が限られたためか、サルの移動の割合が高くなった。グルーミングなど、群れ生活を営むうえで必要な行動の割合が低下し、「ガッ、ガッ……」「キィー、キィー！」など、群れの中で食べものに関連したケンカが多かった。この年は、A群の人間（猿？）関係がギスギスしているように、私には感じられた。

私が金華山で堅果類の結実量のモニタリングを始めてから、今年（二〇二〇年）で二一年目になる。「二〇年は続けます」という某学会での宣言を、ようやく達成できたわけだ。これだけ続けていれば、堅果類の結実に周期性のようなものが見いだせるかな、と思ったが、いまだにはっきりとしたパターンは見えてこない。私たちにとって二一年は長い時間だが、自然界のスケールでは「たったの二一年」なのだろう。自然界は、私たちの理解をはるかに超えた複雑さに満ちている。

5・4　恐怖の一夜

金華山における、二〇〇五年のブナの大豊作は、島に暮らすヒメネズミにも影響を与えた。ネズミの好物は堅果類だから、豊作の秋に大量の堅果を食べたネズミは栄養状態がよくなり、当然多くの個体が出産する。サルやシカは一年に一度しか出産できないのに対して、ヒメネズミの妊娠期間は三～四週間だから、彼らの個体数は、それこそネズミ算式に増える。ブナの大豊作の後、島ではヒメネズミが大量に発生し、神社や私たちの調査小屋にも侵入してきて大騒ぎになった(図47)。小屋の食料、調味料、歯磨き粉のチューブ、そして小屋のメンバーに内緒でザックに隠していた秘蔵のお菓子……あらゆるものがかじられた。ある晩、汚れた服を洗おうと洗濯機のフタを開けた私は「ひゃっ！」と叫んでしまった。水がたまった洗濯槽で、ネズミのむくろが二つ、プカプカ浮かんでいたのだ。

一人きりの調査小屋で寝ていた、その年の冬の夜のこと。私の枕もとを、ネズミがちょろちょろと走り始めた。台所からはカタカタとシンクを走る音や、床に落ちたインスタントラーメンのかけらをカリカリとかじる音がする。……と、寝袋に潜り込んできたネズミに指をかじられ「痛いッ！」と目が覚めた。思わず、指にかみついたネズミを素手でつかんで握りつぶしてしまった。ガバッと起き上がると、寝室にはまだ数匹のネズミがいて、部屋の隅から隅へちょろちょろ走り回っている。「ネズミの集団に襲われて、自分は生きたまま食われてしまうのではないか……」昔見たB級ホラー映画を思いして、暗闇の中、私は眠ることができなかった。

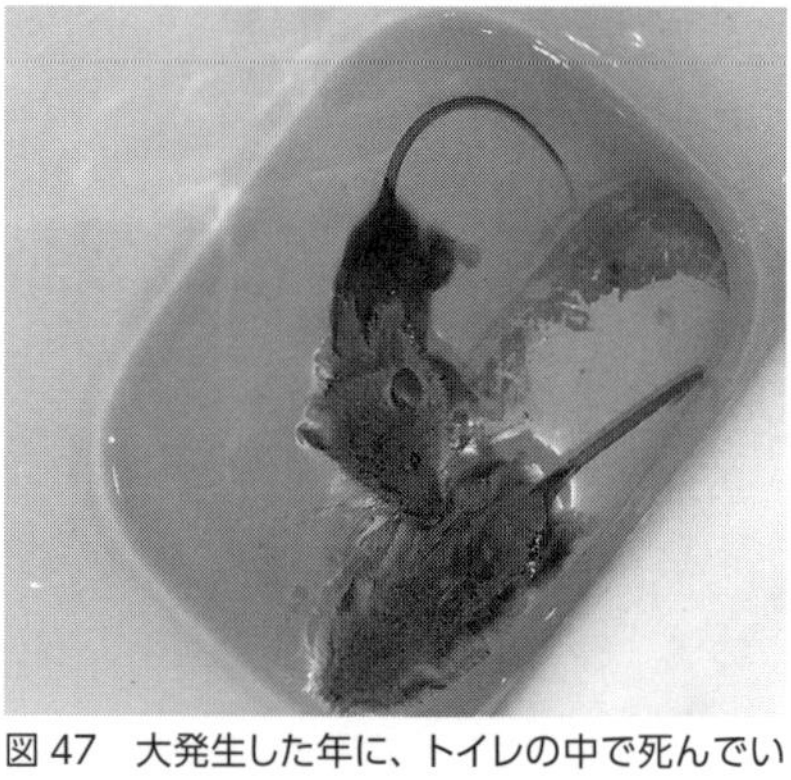
図47　大発生した年に、トイレの中で死んでいたヒメネズミ。

くみ取りも調査のうち！

調査小屋での毎日の生活を維持するために不可欠なのは、食料品や消耗品の管理、そして設備のメンテナンスだ。先述したとおり、調査小屋のトイレはくみ取り式だが、島にバキュームカーなど来てくれないから、誰かが便所のくみ取り掃除をする必要がある（図48）。調査小屋の裏側に大きな穴を掘り、排水溝からひしゃくで汚物を掬っては数人でバケツリレーをして穴に入れていく。穴掘りに関しては数年前、伊沢先生のグループが長期使用可能な処理槽をつくってくださったので、作業がかなり楽になった。雨合羽、ゴム長靴、そしてゴム手袋の完全装備でないと、くみ取り作業はキツイ。ときどき足元が滑ってバケツの中身がこぼれ、一部が付着してしまうと悲劇である。ましてや、その日の夕食がカレーだった日には……。

小屋のメンテナンスと同様に大切なのは、共に生活する仲間への気づかいだ。研究対象や目的が異なるから、調査を始める時間は人それぞれ。早朝は、まだ寝ている人たちを起こさないよう、キッチンの明かりを小さめにし、出発の際はそっと障子を閉める。夜は早く寝る人のために遮光カーテンを引いてあげる。朝食に納豆を食べた後はスポンジで洗う前に指でこすってヌメりを落とす。調査を終えて島を離れるときは、調査小屋や小屋周りをきれいに掃除する。私は高専時代に寮生活を送っていたから共同生活には慣れているつもりだったが、研究をする人間同士の関係というのは、もっと濃密なもの。何気ない振る舞いが相手に迷惑をかけることがあると気づくまでに、少し時間がかかった。

私はのちに、アフリカや東南アジアなど海外でも調査を始めることになるのだが、共同研究者や現地の人たちとのよい関係を築くうえで、金華山での経験が大いに役立っている。国や人種、そして宗教が違っても、人間として大切なことに、大きな違いはないらしい。私はこれまで、研究者どうし、あるいは研究者と地元住民とのトラブルを何度か見聞きしてきた。これらの問題の多くは片方、あるいはお互いの何気ない振る舞いで生じた小さな誤解の積み重ねによって生じたものだ。感謝の気持ち、そして相手への気づかいを忘れなければ、ウィンウィンでいい調査ができるはずだ。

図 48　トイレのくみ取りも調査の一環だ。

6章　食物環境の年次変動とサルの繁殖

6・1　博士課程での悩み

二〇〇四年の春。大学院での研究生活は四年目に入り、私は博士課程の二年生になっていた。その頃私は、大きな悩みをかかえていた。大学院での研究の総決算となる博士論文のメインテーマが、この時期になってもまだ決まっていなかったのである。サルの食べものや土地利用、活動内容が年ごとに変わり、それがその年の堅果類の豊凶で決まることを明らかにした修士論文は及第点をもらい、博士課程への進学も認められた。しかし、私の発見はすでに他の調査地、あるいは他の霊長類で報告されており、審査では「二番煎じだ」という厳しい意見も出ていた。オリジナリティの高い仕事とはみなされなかったのだ。修士での研究は、データさえきちんと取れていれば、研究の意義づけや論理に少々問題があったとしても、不合格になることはない。これに対して博士課程での研究は、これまで誰も取り組んだことのないテーマに挑戦し、かつ得られた結果がその分野にブレークスルーをもたらすものでなければならない。よい結果が出なければ、いつまでも修了できない。

修士課程の二年目くらいから、私は講座のゼミで博士での研究計画を何度も発表したが、教員たちからオーケーは出なかった。博士課程一年生の後期になると「こいつは芽がないな」と思われてしまったのだろう、コメントも出なくなり、研究室で落ち込むことが続いた。学術振興会の特別研究員（国が研究費や給料を支援する大学院生向けのプログラムで、採用者は将来有望な若手とみなされる）に落選続きだったことも重なり、悔しさと無力感で、私の白髪は一気に増えた。

6・2　三つ目のキーワード「社会」

これまでの調査研究から、サルは葉、実、芽、花、樹皮など植物のあらゆる部位を食べていることがわかった。ただし、これは群れが全体として何を食べるか、という話である。群れを構成するメンバーの年齢や性別はさまざまだ。メスであれば、妊娠の有無や子供の有無の状態が個体ごとに違う。身体能力や過去の経験、栄養要求はそれぞれ違うから、食べものや食べ方も異なるはずだ。たとえば堅果類を食べるとき、コザルは木に登って樹上の実を食べることが多いが、オトナはいつも地上で食べる。オトナは木に登るのがおっくうなのだろうか、それとも地上に落ちている実を拾ったほうが効率がいいのだろうか。青森県・下北半島では、コザルは冬芽を、オトナは樹皮を食べる割合が高く、また屋久島では、コザルは昆虫類、オトナは葉を食べる割合が高く、またオスが葉を食べる割合がメスより高かった。サルには、体が大きな個体ほど「たくさんあるが栄養価の低いもの」を多く食べる傾向がありそうだ。

下北半島で母親と子供の食べものを比較した谷口晴香さん（京都大学）によると、コザルは母親より食べることに費やす時間が一割ほど短く、地上近くに生育する、やわらかめの植物をより多く食べたという。親子で食べものが違う理由として、彼女は身体能力の違いを挙げている。コザルはオトナに比べて噛む力が弱いため、硬いものはあまり食べられない。また、体重が軽いので必要な食物量が少なくてすみ、オトナだと折れてしまうような細い枝先にまでアクセスできる。こういった違いが、年齢による食べものの違いを生み出したのだろう。

私の研究仲間であるイスラムル・ハディさん（ボゴール農科大学）は、香川県・小豆島の銚子渓《ちょうしけい》野猿公苑で面白い行動を観察した。この公苑では、餌として小麦をまいている。給餌時間になると、一部のサルはひとしきり食べた後、自らの子供や劣位の個体をつかまえて無理やり口を開かせる（図49）。そして他人の頬袋から小麦を奪って食べるのだ。なるほど、自分で一つずつ麦を拾うよりも効率の良いやり方だ。

食べものの個体差を生み出す要因として、もう一つ重要なものがある。それは、群れの中で生じる、個体

図 49　コザルの口から食べものを奪うオトナのサル。香川県小豆島・銚子渓にて。

どうしの競争だ。行動圏の内部で食べものが限られているとき、群れのメンバーの間では取り合いが生じる。競争は、ケンカによって食べものを奪い合う干渉型の競争と、全員で平等に分け合う結果一頭当たりの取り分が減る消費型の競争に分けられる。特に前者の干渉型競争が強くはたらくとすると、食べものの獲得には大きな個体差が生まれるはずだ。

私が調査を始める前に金華山でサルを研究していた齊藤千映美さん（東京大学）はこの点に着目し、堅果類を利用する場合の種内競争の起こりやすさを研究した。大木で葉とか果実をたらふく食べ、その後次の木を目指して移動しながら、途中でキノコや虫を見つけてつまみ食いしたり、休憩したりするというのが、サルの一日の基本的な行動パターンだ。長時間滞在する場所（大木）のことを採食パッチ（feeding patch）というが、齊藤さんは、堅果類を巡る群れ内競争の強さが、採食パッチのサイズと質で決まることを発見した。堅果類の採食パッチが大きいとき、またはパッチとパッチの距離が短いときは、群れは全体に広がることで干渉型の競争を避け、メンバーは同じ堅果類を食べたが、採食パッチのサイズが小さい、あるいはパッチ間の距離が長い場所では、堅果類を巡って干渉型競争が激しくなり、その結果強い個体、すなわち順位の高い個体だけが堅果類を食べた。食べそこねた劣位の個体は、堅果類以外の食べものを選択せざるを得なくなったのだ。

いっぽう、幸島のサルを調査した岩本俊孝さん（宮崎大学）は、食べものの種類と順位の関係を指摘していた。行動圏内に局在するヤマモモの果実を利用する際は、高順位個体が多く食べたが、行動圏内のどこにでも生息するアオバハゴロモという昆虫を利用する際は、順位間の食べものの違いは消失したという。齊藤さんと岩本さんの研究の共通点は、ターゲットとなる食べものの量や分布、そして周囲の他の食べものの有無によって採食パッチ内の混み具合が変わること、そして混み具合が群れ内の競争の強さに影響した結果、食べものの獲得に個体差が生まれる、というシナリオだ。

ここまで述べてきた性差や年齢差、そして順位差の問題は、従来のサル研究が得意とする、行動・社会の分野ではごく一般的なトピックだ。これに対して生態学の分野では、個体差は「ノイズ」として敬遠され、とくに環境との関係を論じる際は、複数の個体から集めた行動データは平均値として処理されることが多かった。しかし、この「ノイズ」こそが、生態学においても本質的な意味をもつのではないだろうか。

6・3　三つのキーワードを一つに

齊藤さんや岩本さんの論文を読みながら、私は自分が集めたデータのことを思い出していた。「……堅果類の結実は年によって変わる。堅果の種類によって栄養価が違うし、樹木の生育密度――サルにとっては採食パッチの数――も違う。すると、A群の内部で生じる、食物を巡る競争の程度も、年ごとに変化するはずだ。その違いは、エネルギー摂取を通じて各個体の死亡や出産に差をもたらすかもしれないぞ……」

このアイディアをわかりやすく説明すると、図50のようになる。左の図は、木が小さい（すなわち採食パッチが小さい）、あるいは堅果類の結実が乏しい年だ。こういう年は、堅果類を巡る群れ内の干渉型競争が激しくなり、優位な個体がこれを独占するだろう。その結果、優位個体の栄養状態がよくなり、冬季の死亡率が低く、メスであれば翌春の出産率が高くなるだろう。それに対して劣位の個体は堅果類を利用できないので栄養状態が悪くなり、死亡率が高く、出産率は低くなるはずだ。続いて右の図は、木が大きい(採食パッチが大きい)、あるいは結実が豊富な年だ。このような年には、山の中にはどこにでも堅果があるため、群れのメンバーは競争せずにこれらを利用できる。どの個体の栄養状態もよくなるため、冬季の死亡率は低く、翌春の出産率は高くなるだろう。

つまり私は、個体ごとの堅果類の獲得や個体の生死・出産が、その順位に応じて、さらに堅果類の採食パッチの状態に応じて決まるのではないか、と予想したのだ。社会的な要因という「ノイズ」を考慮すれば、個体群の変動のメカニズムをより高い精度で説明できるかもしれない。

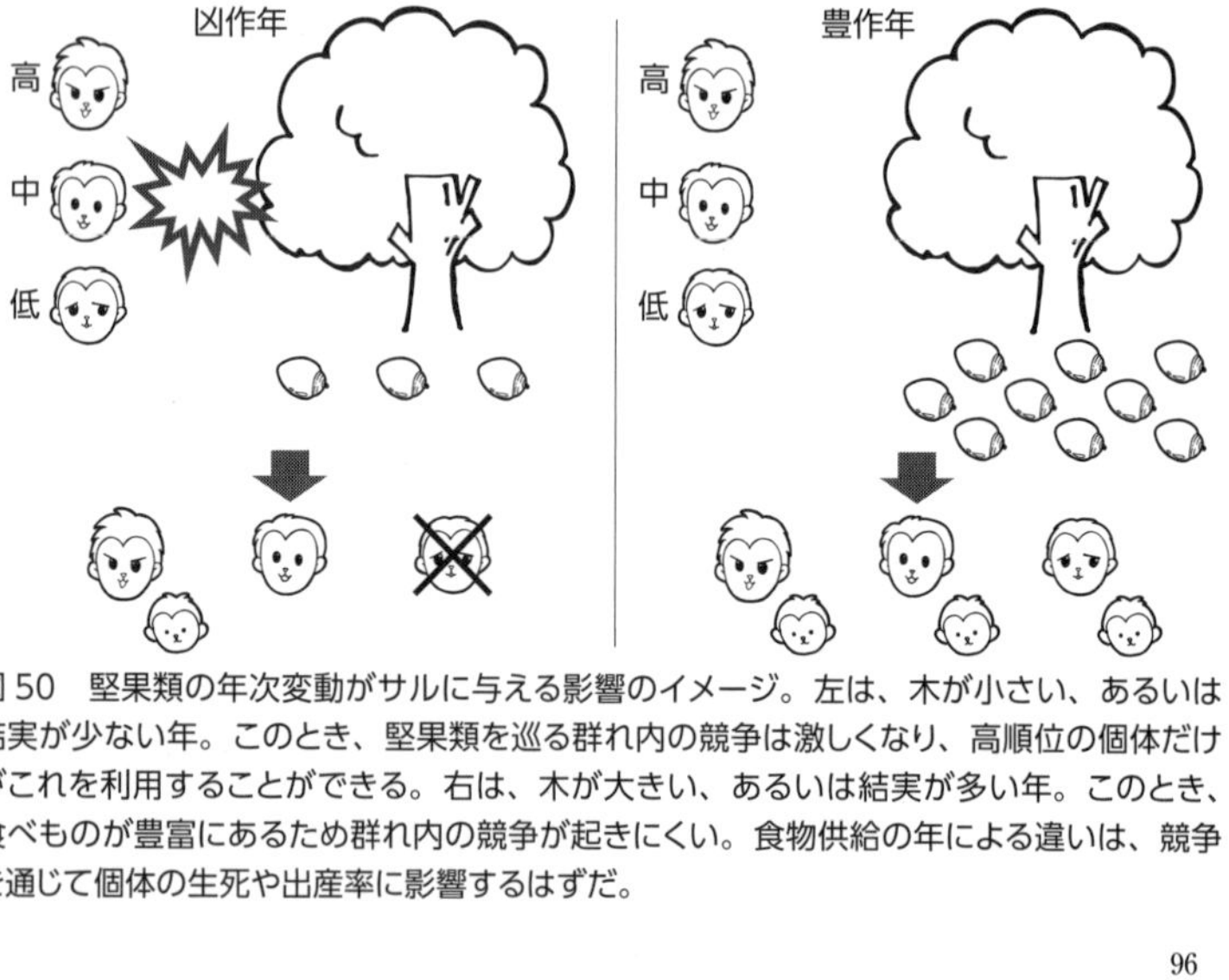

図 50 堅果類の年次変動がサルに与える影響のイメージ。左は、木が小さい、あるいは結実が少ない年。このとき、堅果類を巡る群れ内の競争は激しくなり、高順位の個体だけがこれを利用することができる。右は、木が大きい、あるいは結実が多い年。このとき、食べものが豊富にあるため群れ内の競争が起きにくい。食物供給の年による違いは、競争を通じて個体の生死や出産率に影響するはずだ。

ここまで考えて「これだっ！」と膝を打った。他の動物は個体識別が難しく、「順位」という、極めて社会的な要因の影響を評価するのはほぼ不可能だが、優劣関係の明瞭なサルは、研究対象としてうってつけだ。A群のサルはすでに個体識別が完了しているし、間近で観察できるから、順位の異なる個体の食べものや競争のデータを、高い精度で記録できるはず。サルが食べる堅果類の結実は、種子トラップを使って評価すればいい。あとは、サルが食べものから獲得したエネルギーを推定し、各追跡個体の死亡や出産をチェックすればいいのか……。頭の中で、研究のデザインが少しずつ、組み上がっていった。

直後に開催されたゼミで、この構想を発表したところ、教員たちは静かに頷きながら聞いてくれ、私は壇上で確かな手ごたえを感じた。ゼミの後、ある教員が寄ってきて「アイディアは悪くないぞ」と声をかけてくれた。この教員から褒められたのは、研究室に入ってから初めてのことだったので、思わずガッツポーズした。テーマ探しにもがき続けた一年は、これまでの研究生活で最も苦しい時期だったが、ようやく、長いトンネルから抜け出したのだ。二〇〇四年六月、私の博士研究が本格始動した。

6・4　秋の長期調査、始まる

ゼミの後、私は具体的な調査計画を立て始めた。そして、食物環境の年変化が個体間の競争を通じて各個体の食べもの、獲得エネルギー、そして個体群パラメータ（死亡率、出産率）におよぼす影響を、二〇〇四〜二〇〇五年と二〇〇五〜二〇〇六年という、連続した二年で比較することにした。通常よりも研究が一年遅れている私が博士課程の間に学位を取得するには、この二年で確実にデータを集める必要がある。島に入る前、私は高槻先生はじめ周囲に何度も相談して、入念に作戦を練った。

金華山では、個体識別が完了しているA群の一七頭のメスザルを観察対象とし、一個体につき一回四〜五時間を目安に、一日数個体を追跡した。対象とする個体の後ろに立ち、一〇メートルくらいの距離をとってついてゆく。はじめのうちは「何だ、何だ？」という感じでこちらをチラ見するサルたちだったが、やがて慣れたのだろう。まったく気にしなくなった。追跡個体の口元と指の動きに注意し、サルが食べたものとその個数を、データシートに書き込んでいった。観察中に追跡個体が関係するケンカが起きると、その内容と交渉相手、そして勝ち負けも記録した。こうしてつくった星取表（図15a）から順位関係を明らかにし、それと家系に基づいて一七頭を三つの順位クラス（高順位・二家系四個体、アテナAt・アリサAr・クララKr・ララRl／中順位・三家系六個体、ビーBe・シフSf・アイビスIb・キキKk・コウメKu・ハナコHn／低順位・四家系七個体、フレイヤFr・フピFp・フクFk・オペラOp・ハロHr・マリコMl・マルコMr）に分けることにした。

従来のような、群れの誰かを追えていればいい調査とは異なり、観察対象を見失うとその観察セッションのデータがまるまる使えなくなるから、個体追跡には高い集中力が要求される。サルが木の中に隠れてしまうとか、背中を向けて何をしているかわからない時間もあり、こういうときは、ポジションチェンジを辛抱強く待った。一回の観察セッションが終わるとぐったりしてしまい、私は地面に大の字になって休んだ。

行動観察と並行して、週に一回のペースで種子トラップを見て回り、落ちた堅果類を回収した。私が設置した種子トラップ四〇個は、A群の行動圏の広い範囲に分散しているため、設置場所にたどり着くまでが一苦労だ。夜明けから夕暮れまではサルの行動観察を、そして夜は調査小屋での堅果類のカウント作業を黙々と続けていたものだから、だんだん気持ちに余裕がなくなり、調査仲間に心無い言葉をかけて嫌な思いをさせたことはしょっちゅう。当時の私は、迷惑な同居人だったろう。みなさん、ごめんなさい。

6・5 食べものの採集

博士研究でのフィールドワークでは、行動観察と種子トラップの内容物の回収のほかに、もう一つやることがあった。それは、栄養状態の評価に必要な、サルたちの食べものの採集とその栄養分析だ。栄養分析をひととおり実施するには、乾燥重量で一品目あたり約五グラムのサンプルが必要だが、植物は水分を多く含んでいるから、乾燥で失われる量を考慮すれば、収集すべき量はもっと多い。樹木は多くの場合、まばらにしか生えていないから、サルたちが食べ終えてからその木を訪問して、手の届く範囲の葉や果実を剪定バサミで切る、地上に落ちているサルの食べ残しを拾う、などして集めた。季節限定のバッタやコオロギなどの昆虫類、そしてカエルは、虫取り網を手に走り回って捕まえた。食物は、ぼーっとしているとサルに食べつくされるから、採集のタイミングは大切だ。

食物サンプルの採集で一番苦労したのは、ハンゴンソウという、背の高い草の茎に潜んでいるメイガの幼虫だ（図51）。B_1群の調査をしていた風張さん、そして学生さん数名に手伝ってもらい、中空の茎を一本ずつ割りイモムシを探したのだが、割っても割っても茎の中は空っぽだ。分析に必要な最低限なサンプルを確保するのに、丸二日もかかった。いっぽう、サルがハンゴンソウの茎に歯を立ててバリッと噛み割ると、彼らはほぼ百発百中で幼虫を口にしているのだ。彼らが茎の中の幼虫の有無をどうやって判断しているのか、私にはいまだにわからない。

さあ、食べもののサンプルが集まった。次は、実験室での栄養分析だ。

6・6　サルの栄養状態の評価

サルが食べものとして利用する品目一単位——たとえば葉っぱ一枚、果実一個など——に含まれるカロリーを計算するには、タンパク質・脂肪分・灰分（ミネラル）・繊維分の四つを分析する必要がある。サンプル全体の乾燥重量から、前者三つの成

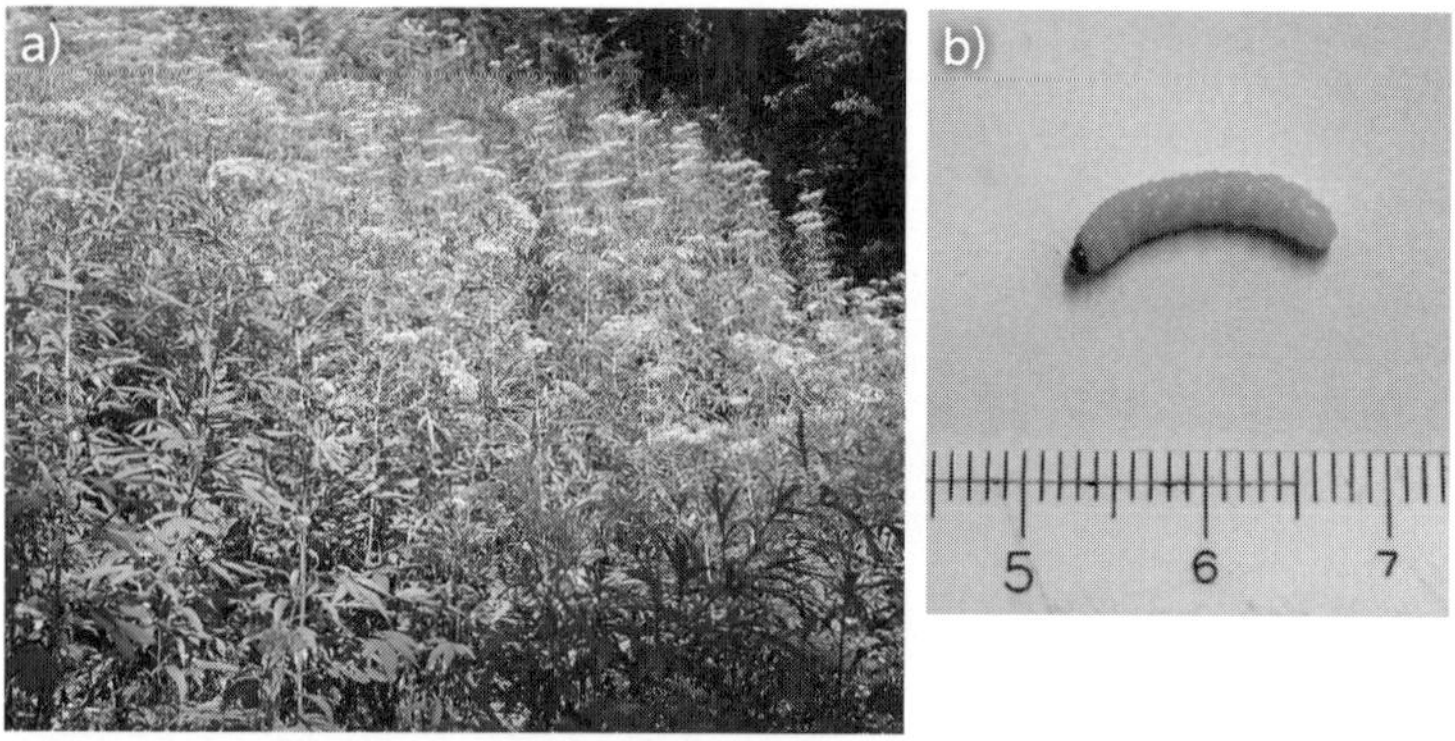

図51　a) ハンゴンソウ（*Senecio cannabifolius*、キク科）の群落。b) ハンゴンソウの茎にひそむガ（メイガ科）の幼虫。

分の重量を差し引けば、炭水化物の重量が求められる。タンパク質、脂肪分、炭水化物のそれぞれにエネルギー換算係数を掛け、さらにその品目の単位重量を掛け合わせれば、対象の食物のカロリー含有量を計算できる（ただし、炭水化物のうち繊維分は消化できないため、動物が実際に利用できるカロリー量は、繊維量の分だけ差し引く必要がある）。すべての品目について、

観察セッション中に食べた個数×カロリー含有量

を求め、それを合計すれば、観察セッション中に全食物から摂取したエネルギーを推定できる。

いっぽう、サルが必要とするカロリー量は、運動をしない場合に生命維持に必要なカロリー量（基礎代謝量・BMR）と、各行動に応じた運動分の消費カロリーの足し算で求められる。哺乳類の場合、BMRはクライバーの式と呼ばれる次の式に当てはまることがわかっている。

$$BMR = 70W^{0.75} \quad W\text{は体重（キログラム）}$$

オトナメスの体重を八キログラムと仮定すると、基礎代謝量は約三三〇キロカロリー、総カロリー要求量は、その約一・五倍から二倍（五〇〇〜六六六キロカロリー）と推定される。カロリー摂取量から要求量を差し引いた値（エネルギーバランス）がプラスなら、サルたちは余剰なカロリーを獲得するわけだから、その分を脂肪として蓄えることができ、体重は増える。逆にエネルギーバランスがマイナスなら、体に蓄積した脂肪を使うことになり、体重は減る。

金華山のサルの栄養状態を初めて評価したのが、5章の堅果類の調査のところで登場した中川さんだ。一九八〇年代、彼はA群のオトナメス一頭を個体追跡して行動を観察すると同時に、食べものの

栄養分析を行って摂取カロリーを計算し、サルの栄養状態が最もよいのが秋で、春、夏、冬の順で悪くなっていくことを明らかにしていた。中川さんは金華山で調査をする大学院生にとって頼りになる兄貴分であり、とくに私にとっては生態研究の先輩でもあったので、学会で会うたびに研究の相談に乗ってもらっていた。私は、中川さんの研究をベースにして栄養状態の評価を進めることにした。

6・7 フィールドワーカーのラボワーク

栄養分析を行うには、脂肪抽出用のソックスレー装置、サンプルを燃やして灰にするための電気炉、タンパク質分析用のCNコーダなど、専用の分析機器が必要だが、あいにく当時の研究室には、それらの設備がそろっていなかった。現在でこそ、サンプルの栄養分析は専門の業者に外注しているが、当時の私の限られた研究費でそんな贅沢は無理だった。そこで、先輩の姜兆文さん（山梨県環境科学研究所）に協力をお願いし、この研究所の設備を借りて、自分自身で分析することにした。「自炊」は、お金はないが時間がある大学院生の特権だ。

研究室でサルの食物サンプルを乾燥させたら、電動ミルで粉砕して分析用の粉末サンプルを調整する（図52）。サンプルがたまったら、

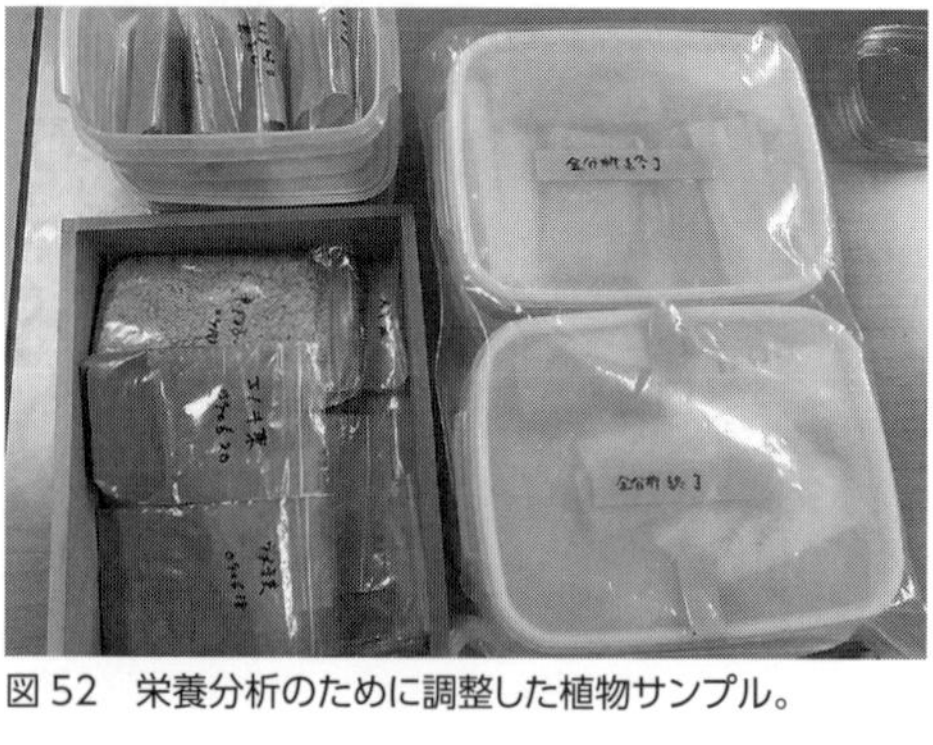

図52　栄養分析のために調整した植物サンプル。

図 53　繊維分の分析装置（向かって左が姜兆文さん、右が私）。

それらを詰めた大きなザックを背負って新宿のバスターミナルへと向かった。姜さんの研究所は、絶叫マシーンで有名な遊園地の近くにあるため、バスの乗客は「キャッキャッ」と楽しそうにおしゃべりしている女子高生のグループと、若いカップルばかり。隣で私は複雑な気分になる。つい「自分は一体、こんなところで何をしてるんだろ……」などとつぶやいてしまう。

栄養分析では、サンプルの重量を一ミリグラム単位の精度で何回も計測する必要がある。姜さんはがさつな後輩を心配して、ほとんど付きっ切りでアドバイスしてくださった（図53）。「ほら、測定が終わったら作業台はちゃんと拭いて！」「あっ、すいません……」こんなことの繰り返しだった。

栄養分析の作業は、食事の支度に似ている。それぞれの分析に必要な試薬や処理時間が決まっているから、たとえばあるサンプルの脂肪分を分析している間に別のサンプルの繊維分を分析するための試薬を準備し、空いた時間で分析済みの機材を片付ける、という具合に作業を進めていく。煮物の野菜を切って火にかけて、その間に汁物の支度をし、最後に肉や魚を焼いて、といった、複数のおかずの調理を段取りよく短時間で仕上げるのと同じことだ。事前に作業の段取りを立てないと、隙間の時間を無駄にしてしまう。フィールドワークの場合、事前に計画を立てても現場の状況で急きょ方針を変えることがざらだから、スケジューリングの厳密性は必ずしも求められない。その常識が他の分野では通用しないということを、私はこのときに学んだ。分子生物学、細胞学といったミクロ系の研究者はこのような作業を日常的に行っているのだから、本当に頭が下がる。

この研究所には宿泊施設がなく、最寄りのホテルまで、歩いて一時間以上かかるという。それなら、と姜さんが用意して下さったのは何と、研究所の一角にある動物解剖室だった。ステンレス製の、ひんやりとした解剖台に寝袋を広げてごろりと横になる。私は死体になった気分で、翌日の仕事に備えて目を閉じるのだった。

6・8　神社のご利益？

博士研究では、二〇〇四年と二〇〇五年の秋に結実量を評価した。この年は、金華山での結実の調査を開始してそれぞれ五年目と六年目に当たる。二〇〇四年は堅果類が軒並み不作で、トラップはほとんどが空っぽの状態。サル達は初冬には木の実をすっかり食べつくし、それ以降の食べものを樹皮や冬芽に切り替えざるを得なくなった。これに対して、二〇〇五年はブナが大豊作の年で、サルたちは晩夏から翌年の春まで、なんと半年もの間、地上の堅果類を食べ続けた。印象的だったのは、二〇〇五年のある日、オスザルがディスプレイのためにブナの木で枝をゆすると、ブナの実が文字通り「ざあーっ」と降ってきたことだ。ブナは約一二年に一度、豊作になると言われているが、非常に幸運なことに、私はこの稀な結実イベントを、トラップで定量的に評価することができたのである(図54)。

まさか、凶作の次に大豊作が来るとは……。私はこの時ほど、種子トラップの調査を継続してきてよかった、と思ったことはない。きっと、黄金山神社に参拝したご利益に違いない。

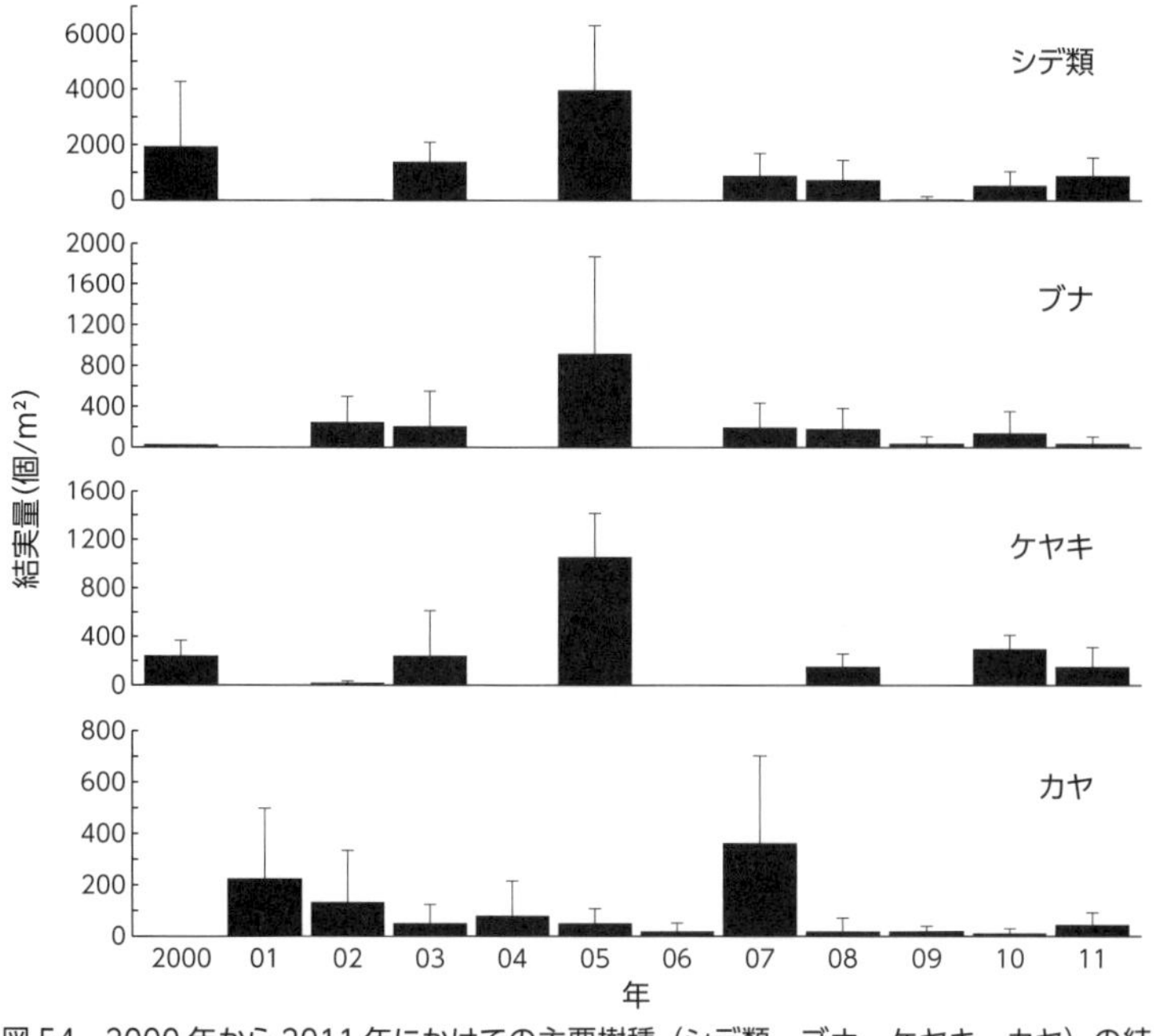

図54　2000年から2011年にかけての主要樹種(シデ類、ブナ、ケヤキ、カヤ)の結実量の評価。2000年から2002年のデータは図42と同じ。

6・9　予想的中

堅果類が凶作だった二〇〇四年の秋から翌年の春と、ブナが大豊作だった二〇〇五年と翌年の春の間で、カロリー摂取量をメスの順位間で比較してみる。二〇〇四年の秋には食物を巡る干渉型競争が高い頻度で発生し、高順位個体が食物を独占してカロリー摂取量の順位差が拡大した。いっぽう、ブナが大豊作だった二〇〇五年には、メスの社会的順位にかかわらず、どの個体も食べものにありつけた（図55）。

では、サルの死亡率や翌年の出産率への影響はどうだっただろうか。二〇〇四年の冬季には、一七頭中三頭のメスが消失（おそらく死亡）した。中順位が二頭（シフ、ハナコ）、低順位が一頭（マリコ）だった。そして翌春に出産したのは、高順位個体一頭（クララ）だけだった。それに対して、二〇〇五年の冬には死亡個体は一頭もおらず、翌春には一四頭中一一頭（アテナ、アリサ、クララ、ララ、ビー、アイビス、キキ、フレイヤ、フピ、フク、オペラ、マルコ）が出産した。驚いたことに、クララは二年続けて

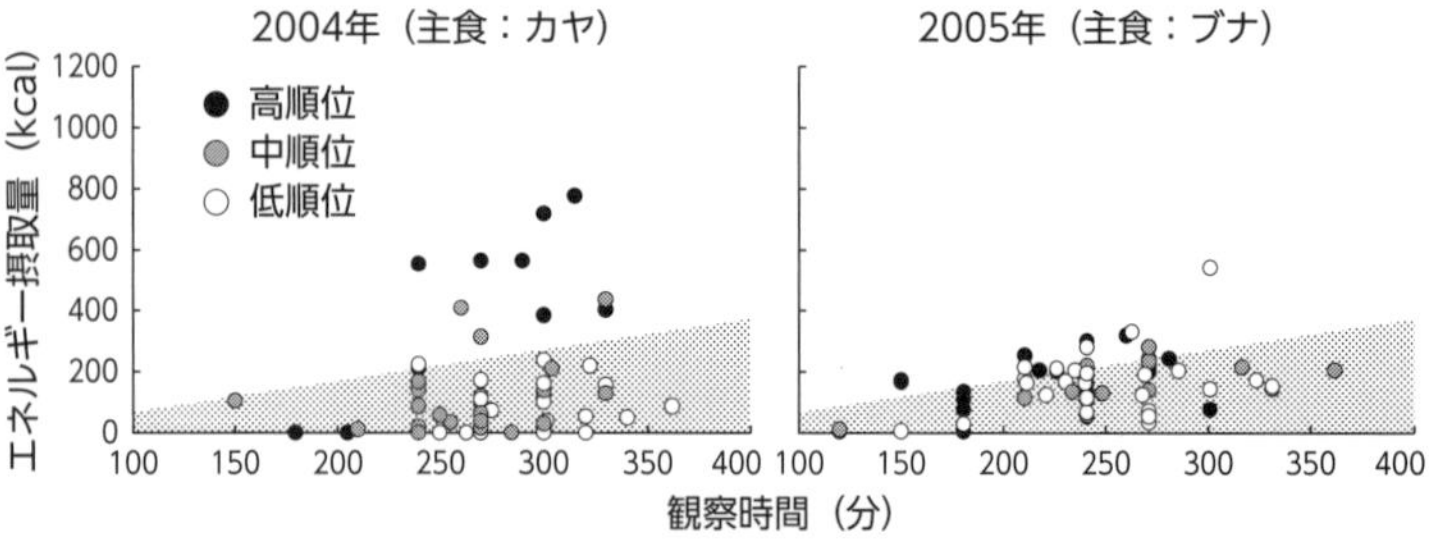

図55　エネルギー摂取量と社会的順位の関係。凶作年（左図）と豊作年（右図）では傾向が異なり、エネルギー摂取量は社会的順位と一定の関係はなく、食物環境の変動に応じて変わる。点（エネルギー摂取量）がアミカケ部分（エネルギー要求量）を上回れば、サルはエネルギーを脂肪として蓄積できる。

の出産となった。野生のサルの連続出産は非常に珍しい。二〇〇五年の実りが、いかによかったかということだ。

ブナの堅果が多く結実した二〇〇五年には、成獣メスの食性には順位による差がなく、またエネルギー摂取量、および冬期の死亡率・翌年の出産率も順位に関係なく横並びだった。つまり、社会的順位とエネルギー摂取量の関係は一定ではなく、食物環境の変動に応じて柔軟に変化し得ることが示されたのである。私の予想は的中した。

ただ、もしかしたらこの結果は、私が観察した二年間に偶然起きただけ、という可能性もある。そこで私は、伊沢先生らがまとめている、金華山のサルの過去の統計資料の数値をお借りして、過去の結実とA群の出産の関係を調べてみた。伊沢先生は、種子トラップこそ設置していないが、調査の際に各年の結実状態を豊作か否かを分けて記録していたのだ。調査期間を豊作年と凶作年の二つに分けると、前者のほうが全体の出産率は高い（図56ａ）。また、出産率を順位ごとに分けると、凶作年の出産率は高順位個体で高く劣位個体で低かったのに対して、豊作年には順位差が消失した。私のそれとまったく同じ結論だったのだ（図56ｂ）。つまり、堅果類がサルの食べものや死亡率や翌年の出産率に与える影響はどの個体でも同じなのではなく、結実の内容によって、またサルの順位によって程度が異なる

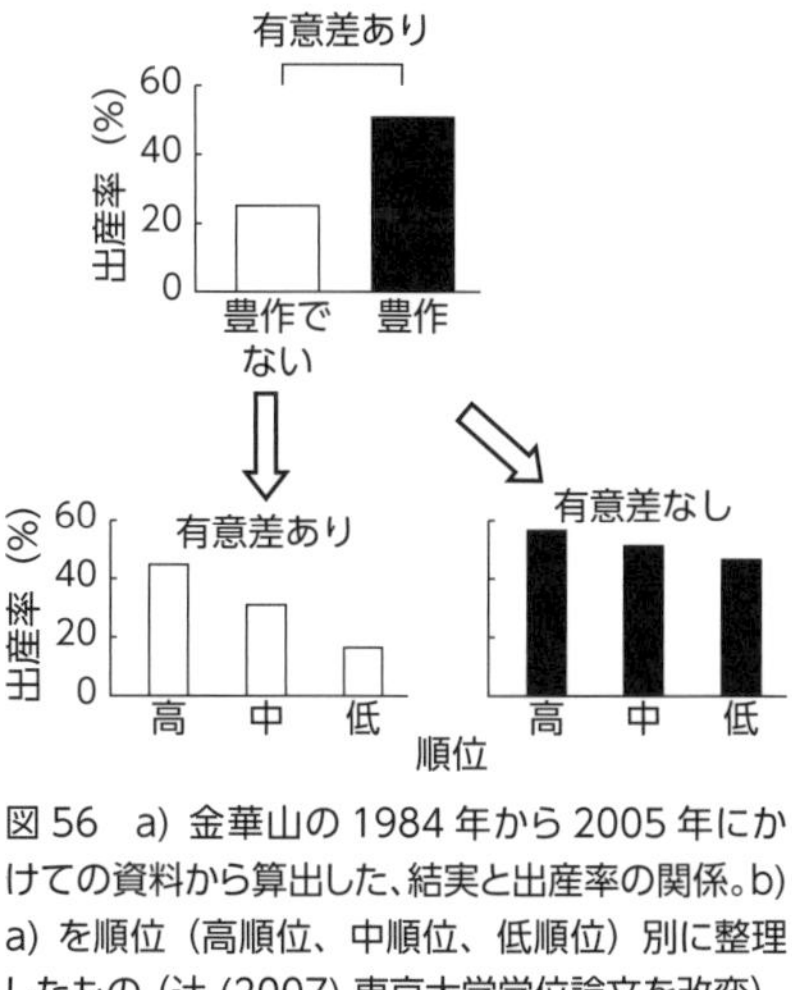

図 56　a) 金華山の 1984 年から 2005 年にかけての資料から算出した、結実と出産率の関係。b) a) を順位（高順位、中順位、低順位）別に整理したもの（辻 (2007) 東京大学学位論文を改変）。

ということだ。自然界のメカニズムの一端を解明できたことに、私は興奮した。

博士論文提出後の、二〇〇七年の二月、東京大学から博士号が授与され、私は晴れて一人前の研究者となった。高槻先生はじめ研究室のメンバーが、発表会の後、お祝いの会を開いてくれた。「おめでとう、辻博士！」乾いた口にしみこむビールは美味しかった。

6・10 さよなら、「ビー」

ブナの大豊作の翌春（二〇〇六年）、「ビー」という老齢個体が出産した。六月、そのアカンボウが母親からはぐれ、カラスに襲われているところを観光客に保護される、という出来事があった。実は二〇〇五年の交尾期以降、「ビー」はA群本体にいない日が目立ち、私はちょうど、彼女の行方を探していたところだった。老齢のために群れの移動についていけなくなったのか、それとも自分から望んでA群を離れたのか、本当のところは彼女に聞かないとわからない。とにかく私は、連絡を受けて「ビー」のアカンボウを引き取りに行った（図57a）。体重八〇〇グラムのオスで、気の毒にカラスにつつかれて頭から血を流していた。翌朝、大西さんが「ビーっぽいサルを見つけたよ」と連絡してくれた。アカンボウの入った段ボールを彼女のそばにそっと置き、離れた場所で様子をうかがっていると、「ビー」がすっとやってきて、わが子を抱きかかえて歩き去っていった。それは、私が博士論文を書くために島を離れる前日の出来事だった。

しかし、自然界は甘くはなかった。残念ながら、この事件以降、「ビー」の親子を見た研究者は誰もいない。再会直後に、相次いで命を落としてしまったようだ。いくら前年の秋が豊作で、栄養状態がよかったとはいえ、高齢での出産は、自らの命を縮める、リスクの高い行為だったのだろう。サルの個体群サイズには、こういった年齢に特異的な出産リスクも影響を与えているようだ。

　学部から大学院までの足かけ七年間、「ビー」は私の研究を最後まで見届けてくれたことになる。彼女のふさふさした尾と低めの声は、今でも私の記憶に残っている（図57b）。

6・11　野外調査の成果を動物の飼育管理に活かす

　博士課程で実施した、サルの栄養状態に関する研究は、ちょうど一〇年後、思わぬ形で役立つことになった。それは、動物園で飼育されているサルの飼育管理への応用だ。

　生態学的な視点では、動物園のサルは、特殊な環境に置かれた群れとみなすことができる。彼らは

図57　a) 観光客に保護された「ビー」のアカンボウを抱く私。b) 在りし日の「ビー」。この写真が撮影された数カ月後に、彼女はA群から姿を消した。

自分で動き回って餌を探す必要がなく、病気になれば治療してもらえ、外敵がいないので逃げる必要がない。したがって、飼育下のサルは野生に比べて休息時間が長い傾向がある。運動不足はサルに肥満を引き起こすだけでなく、精神的な疾患をもたらすことも知られている。さらに、野生状態なら出ていくはずのオスたちがいつまでも群れに留まり続けるため、サル山内部の血縁関係や社会関係も、野生のそれと異なる。飼育下の動物の暮らしを、いかに野生のそれに近づけるか。これが動物園関係者の課題となっている。

青木孝平さん（上野動物園）は、サル山の肥満の問題を改善しようと、サルに与える餌の量と質を季節的に変えて、体重の変化を調べた。このとき、私が金華山で行った調査を参考にしたのである。野生のサルの暮らしを参考に、春と秋には栄養価の高い餌を多く、夏と冬には栄養価の低い餌を少し与えた。体重はサル山内に設置された体重計を使って記録した。

実験の結果、サルたちの体重は秋にピークを迎え、冬に最も減少するという、野生と同じ変化を示した。ただ、餌の量や質を低く設定したはずの夏にも、体重は増えていた。運動不足は解消できず、餌から獲得したエネルギー量が要求量を上回っていたためだ。つまり、野生と同じ栄養状態を再現するには、運動量をコントロールするしかないということだ。限られたスペースで、動物をいかに運動させるのか。今後も動物園関係者と協力しながら、よい解決策を提案したいと思っている。

青木さんの研究は、飼育スタッフに加えて、東京動物園ボランティアーズ木曜班（1章で紹介した）がサルの体重のデータ収集に協力したという点でも画期的だ。最近、飼育動物の環境のエンリッチメントへの関心が高まっている。環境エンリッチメントとは、飼育動物の豊かな暮らしや幸せに配慮して、飼育環境や管理手法を充実させていこうという取り組みのことだ。さまざまな立場の方が協力すれば、サルたちの暮らしの向上に役立つ知識が、より多く得られるに違いない。

私は、研究で得た成果を飼育の現場に波及できたことはもちろん嬉しかったが、昔お世話になった上野動物園の関係者に少しだけ恩返しできたことが、それ以上に嬉しかった。

新しい分析手法

私がサルの栄養分析に取り込んでいた二〇〇五年ころ、「ケトン体」という、尿中に排出された代謝産物の多寡で栄養状態を評価する手法が注目されていた。ボルネオオランウータンを対象とした先行研究で、食物の欠乏期に尿中のケトン体濃度が大幅にアップしたことが報告されていた。「栄養分析をしなくても動物の栄養状態が評価できるなんて、すごい技術だぞ!」興奮した私は、3章でも登場した藤田さんのサポートを得て、金華山のサルにこの手法を応用することにした。

追跡対象のサルが尿をしたら、そこへ急いで走っていき、岩のくぼみにたまった尿をスポイトで吸い上げてサンプル瓶に入れる。地面で尿をするとあっという間に土にしみこんでしまい「ちぇっ!」と舌打ちすることもままあった。何とか一〇〇余りのサンプルをそろえ、わくわくしながら試験紙に尿を垂らしてみたが、ケトン体の陽性反応は一度も見られず、がっかりした。もし私が、栄養分析を行わずにケトン体だけでサルの栄養状態を評価しようとしていたら、おそらく博士論文は完成しなかっただろう（図58）。その後、サルの栄養状態の評価の手法として「Cペプチド」という、やはり尿中の代謝産物を使って栄養状態を評価する方法が登場した。近い将来、また別の手法が登場するのではないだろうか。

調査技術の進歩は驚くほど速く、現在の最新技術は一〇年もすれば古びてしまう。研究の世界にも、音楽やファッションと同様に流行りがあって、新しい技術は注目を集めるが、そのぶん他の研究グループが手を付けるのもあっという間だ。先陣争いの結果、その手法の目新しさは失われ、やがて次の調査手法にとって代わられてしまう。新しい手法にチャレンジするのは悪いことではないが、その根拠となるアナログデータもきちんと集めておくべきだと、私は思う。

さて、私がケトン体の分析のために苦心して集めた尿サンプルだが、結局その後一度も使うことなく、数年前に廃棄した。かけた労力が、必ず報われるとは限らない。

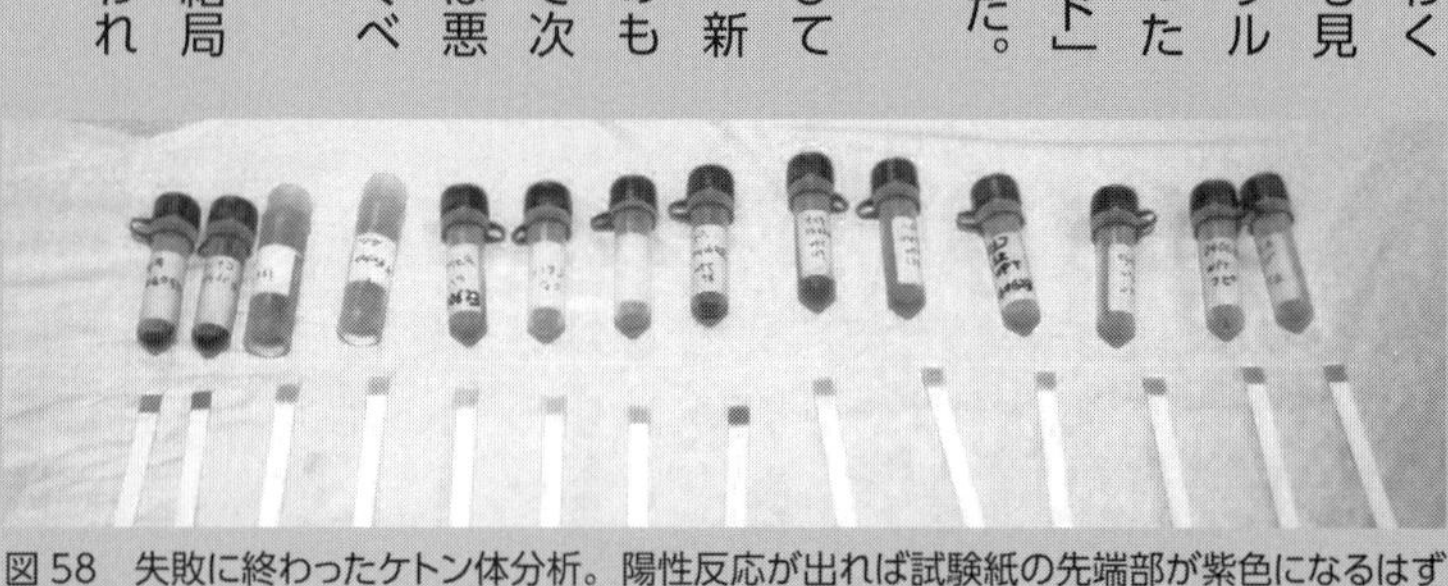

図58　失敗に終わったケトン体分析。陽性反応が出れば試験紙の先端部が紫色になるはずだった。

7章　与えるサルと食べるシカ——共生関係——

7・1　ポスト・ドクター

博士になったからといって、すぐに就職できるわけではない。多くの若手研究者は、学位を取得した後にポスト・ドクター（略してポスドクという）として出身大学あるいは知り合いの研究室に居候させてもらい、論文を書きながら大学や研究所の求人情報に目を光らせて、就職のチャンスを待つ。

私も例にもれず、学位を取得後、九年暮らした東京を離れて、神奈川県でポスドクを始めた。二〇〇七年四月のことである。高槻先生が、麻布大学に新しく設置された野生動物学研究室の教授として着任したので、研究室の立ち上げの手伝いをすることになったのだ。幸い、麻布大学は私を非常勤講師として雇ってくれたので、ここで講義をしながら就活をし、併行して金華山での研究成果を論文にまとめることにした。最初に手を付けたのが、本書の冒頭でも紹介した、サルとシカの種間関係についてだ。

7・2　サルと他の動物の関係

サルとシカの関係について話をする前に、そもそもサルと他の動物の関係にはどんなものがあるのか、解説しておこう。

樹上と地上の両方を使うサルは、食べものの種類が豊富だ。また、彼らは栄養要求を満たそうと広い範囲を動き回るため、日々の生活の中で、他の動物とさまざまな関係を築いているはずだ。たとえばクマはサルと食べものが重複しているから競争関係にあるし、大型のワシや野犬といった捕食者の存在は、サルの土地の使い方や警戒行動に影響する。サルと他の動物との関係を丁寧に調べていけば、生態系におけるサルの役割が明確になるはずだ。

サルと他の動物との関係としてまず頭に浮かぶのが「食べる・食べられる」の関係だ。広島県ではクマタカに襲われたと見られるオトナメスの死体が、神奈川県では野犬の巣穴でサルの骨が、それぞれ見つかっている。また、ニホンオオカミは百年ほど前に絶滅するまでサルにとって最大の脅威だったはずだ。ゆえに、外敵が現れた時の恐怖心とか、その際の行動パターンといった形質は、現在のサルたちにも当然残っているだろう。たとえばサルは敵に見つかりやすい開けた場所には近づかないだろうし、仮に訪問したとしても、辺りを始終警戒することだろう。

逆にサルが食べる動物には、昆虫やクモなどの小動物、鳥（の卵）や両生・爬虫類などがいる。ただ、いずれもつまみ食い程度の利用だから、サルたちがこれらの動物の個体群に与える影響は、他の捕食者の影響に比べれば、ずっと小さいだろう。

二〇一五年、長野県でサルがライチョウのヒナを襲って食べたことがニュースになった。この報道を目にして、「絶滅危惧種のライチョウを食べるなんて、サルはけしからん！」と思った方がいるかもしれない。しかし、この地域では、サルが夏季に高山地帯を利用することが、以前から知られていた。彼らは高山の遅い芽吹きを追いかけて、山を登るのだ。このとき、たまたまライチョウのヒナをみつけて食べたということらしい。サルにとって、ライチョウは決して捕まえやすい獲物ではないだろう。追いかける時間があるのなら、果実や葉を探して食べたほうが、よほど効率がよいはずだ。ライチョウの個体群サイズにより深刻な影響を及ぼすのは、むしろキツネやテンなどの肉食獣や、大型の猛禽類だろう。ライチョウは希少種だから保護すべき、サルは普通種だから駆除すべき、という単純な分類にも、私は違和感を覚える。サルによるライチョウの捕食は、高山の生態系で「食べる・食べられる」の関係が健全に維持されている証拠と考えるべきではないだろうか。

次は、資源を巡る種間の競争関係だ。サルの主要な食べものである果実は、他の哺乳類にとってもごちそうになる。本州には果実食性の哺乳類として、ツキノワグマ、ニホンテン、タヌキがおり、また多様な果実食性鳥類がいる。彼らはサルとは潜在的な競争関係(inter-specific competition)にある。種内の競争関係と同様に、種間競争にも干渉型と消費型の二つがあるのだが、一本の木で二種類の動物が食べものを直接取り合う局面はほとんどないだろうから、この場合は消費型競争が問題になる。

図59は、屋久島でイチジクの一種、アコウの実を食べた動物を調べたものだ。イチジクの仲間は決まった結実期を持たないという特徴があるため、森には結実した木が常に一定数あることになる。屋久島では、一一月から翌年の四月にかけては、鳥類だけがアコウを利用するが、それ以外の月はサルと鳥類の両方が利用するため、この果実を巡る消費型競争がより強くはたらくと思われる。残念なが

ら、本州では動物間の種間競争に関するきちんとした研究はまだ公表されていない。

種間の関係には、寄生者と宿主の関係もある。寄生者（parasite）とは、他の生物の体内、ないし体表面で生活し、その生物から栄養を取りその生物に害を与える生物の総称であり、とくに大型のものを寄生虫と呼ぶ。このうち、ダニ・ノミ・シラミといった外部寄生虫は、血を吸うときに貧血、皮膚炎などの害をもたらすだけでなく、細菌、リケッチアといった病原体を伝播することも知られている。これらの外部寄生虫への対抗手段がグルーミングだ。

座馬耕一郎さん（京都大学）は、京都・嵐山でグルーミングの部位とシラミの卵の関係を詳細に分析し、頻繁にグルーミングされる部位（背中や腕の外側など）にシラミの卵が多いことを発見した。グルーミングに群れの個体間関

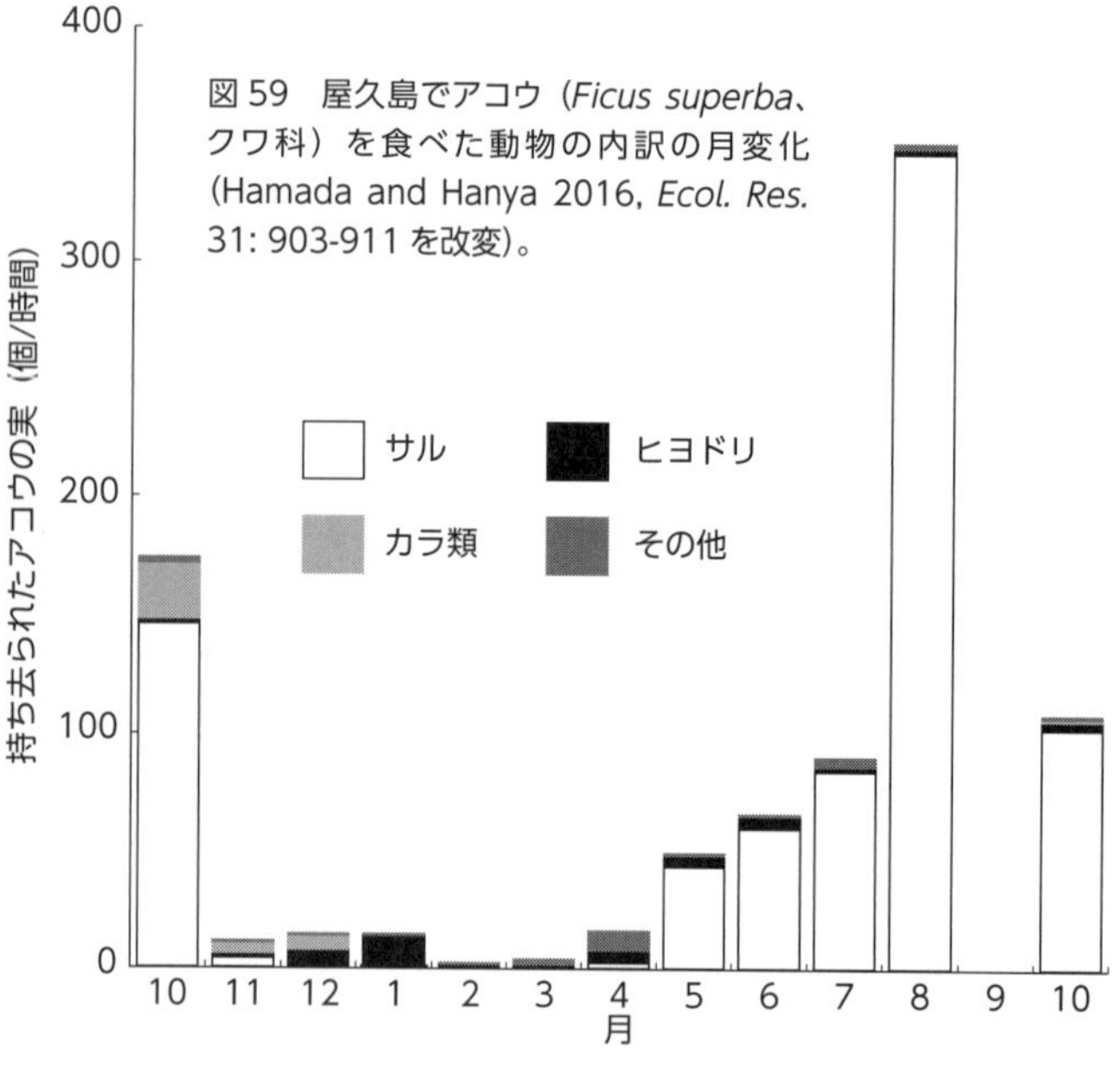

図 59　屋久島でアコウ（*Ficus superba*、クワ科）を食べた動物の内訳の月変化 (Hamada and Hanya 2016, *Ecol. Res.* 31: 903-911 を改変)。

係を円滑にする機能があることは2章で述べたが、一人ぼっちのサルに多くのシラミがたかっていたという事実から、グルーミングには寄生虫除去の役割もあることがわかる。いっぽう寄生虫にとって、グルーミングはサルによる捕食行動だから、寄生虫はサルから逃れようと、活動時間や寄生する場所を調整しているはずだ。「サルの体」という生態系で、両者がせめぎ合っているのだ。

いっぽう、内部寄生虫（図60）は、消化管内で栄養分を吸収して生活する。生魚を食べると感染するアニサキス、犬の心臓に寄生するフィラリアなどが有名だ。内部寄生虫は、サルが健康な時はとくに問題を起こさないのだが、宿主が病気になったり年を取ったりして免疫システムが弱ると、深刻な影響をもたらすことがある（図61）。最近の幸島の研究で、高順位個体は内部寄生虫の感染率が高いことがわかった。順位の高い個体は、群れの中でより多くの個体からグルーミング

図60　サルの糞から検出された線虫類の1種、*Strongyloides fuelleborni*。

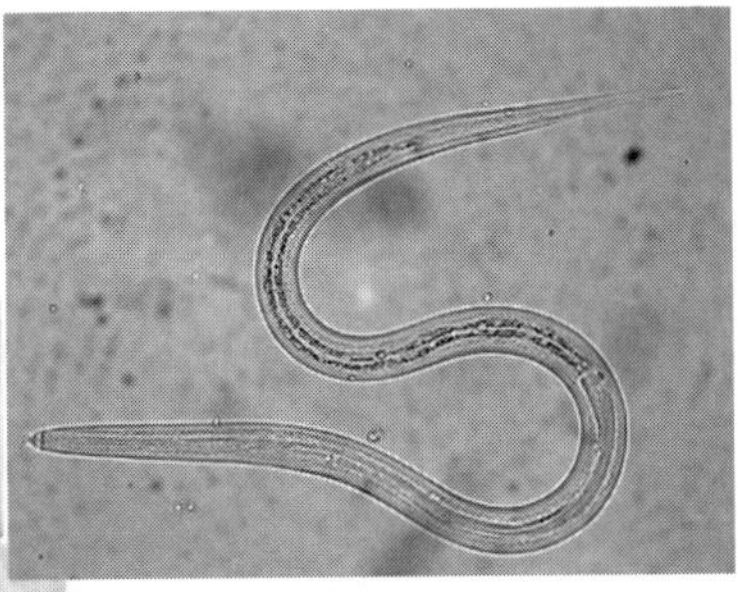

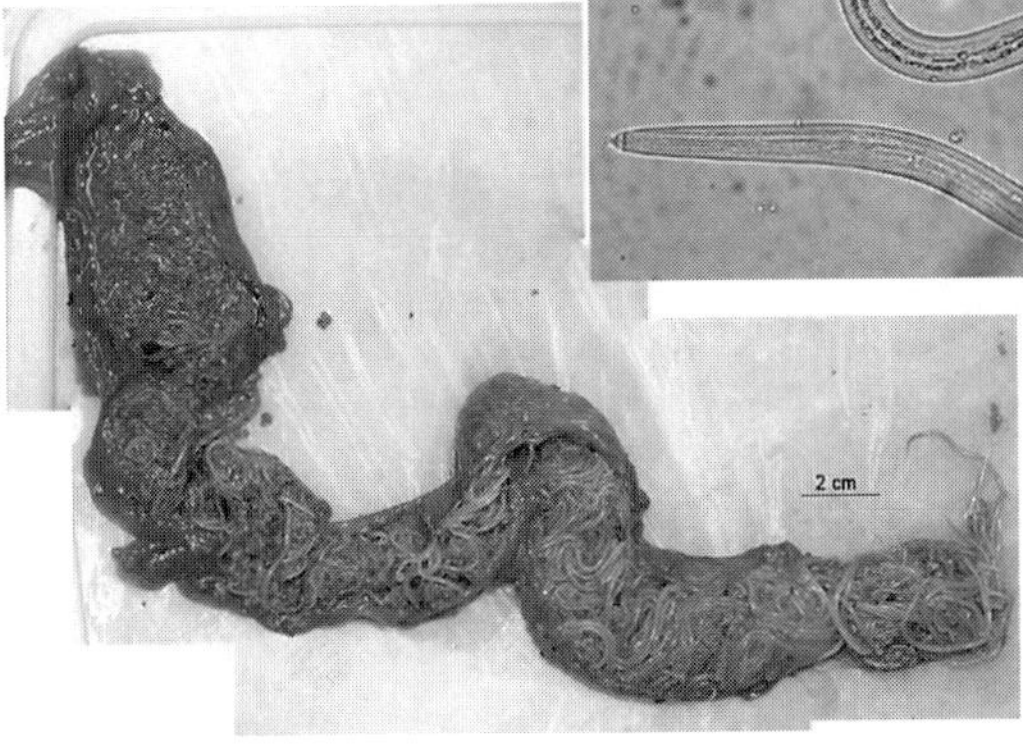

図61　屋久島で回収された、肺炎で死亡したと思われる老齢メスを解剖したら、小腸から線虫類の1種、*Streptopharagus pigmentatus* が大量に見つかった。

を受けるから、その際の身体接触を通じて感染するリスクが高まるようだ。社会交渉を介した内部寄生虫の感染は、サルの生死にどの程度影響しているのだろうか。非常に興味深い研究テーマだ。

7・3 サルとシカの直接的な関係

では、金華山のサルとシカは、どのような関係にあるのだろうか？

金華山でA群のサルを追っていると、シカの群れにばったり出くわすことがある。A群のサルが、シカたちの間をぬって歩いていく光景は、とくに珍しいものではない（図62）。時にはコザルがシカに近づきすぎて威嚇のキックをされ、「キャッ」としかめ面をすることもある。金華山のサルは、シカのことを恐れているらしい。

サルとシカが、より積極的な関係を築いている場合もある。広島県・宮島には、かつて香川県・小豆島からもち込まれたサルが放し飼いにされていたが（現在は全頭が捕獲され、他の場所で飼育されている）、ここではサルがシカにグルーミングをすることが知られていた。最近、遠く離れた屋久島のサルとシカの間でもサルからシカへのグルーミングが観察されるようになった（図63）。この島のサルは、シカについたダニを食べものとして利用しているようだ。いっぽうシカは、自分では手が出せないダニをサルに取り除いてもらえるというメリットがある。したがって、この関係は両者にとってウィンウィンの関係と言えるだろう。

さらに最近、サルがシカの背中で交尾のまねごとをするという、興味深い関係が、屋久島と大阪・

箕面《みのお》から相次いで報告された。サルがシカの背中にまたがって腰を上下に動かしたり、シカに噛みついたり、枝角を引っ張ったりするそうだ。サルが腰を動かしても、シカはあまり気にせずそのまま草を食べ続けているという。ノエル・グンストさん（レスブリッジ大学）や島田

図 62　シカのそばを歩くサル。

図 63　シカにグルーミングをする屋久島のサル。

将喜さん（帝京科学大学）は、この行動は交尾の練習というよりも、遊びの中で発現した性行動、ないしメスとの交尾の機会に恵まれないオスザルによる、代替物としてのシカの利用だと考察している。

7・4　落穂拾い ―― 食を通じたニホンジカとの種間関係 ――

樹上で葉や果実を食べるとき、サルたちは枝を手元に引き寄せるが、このときにうっかり手を滑らせて枝が落ちたり、あるいは食べている途中で枝がボキッと折れたりする。また、サルたちは食べかけの枝を途中であっさり捨てることもある。その結果、サルが食べている木の真下には、多くの枝が落ちる。金華山では、それを目当てにシカが集まってくる。サルたちは、お目当ての実をつけた木に近づくと、嬉しいのか「クァー」「キャー」などと大騒ぎをすることがある。また、木に登って枝を引き寄せるとき、枝が「がさがさ」と大きな音を立てる。シカはおそらく、このような音を手掛かりに集まってくるのだろう。

樹上性の動物が落とす食べものを地上性の動物が利用するという関係を、フランスの画家ミレーの名画になぞらえて「落穂拾い行動」と呼ぶ（図64）。私がサルとシカの間で「落穂拾い」を見

図64　ミレーの「落穂拾い」。

図 65　シカが「落穂拾い」する植物。
a) クマノミズキ　　b) ソメイヨシノ（*Cerasus × yedoensis* 、バラ科）
c) ケヤキ　　d) エノキ（*Celtis sinensis*、アサ科）

たときの様子を、本書の冒頭で紹介した。私はそれ以降、両者の関係を見かけるたびに、内容をフィールドノートに書き込むようにしていた。そのデータを分析することにしたのである。

二〇〇〇年から二〇〇五年の間に、私が記録した「落穂拾い」は四七回にのぼる。サルが落とす植物のうち、シカは一六種二二品目を食べものとして利用した（図65）。このうち葉が八種で最も多く、次いで果実が五種、花が三種と続いた。月ごとの「落穂拾い」の頻度を観察時間で割って、発生頻度を評価すると、三月から五月にかけての春に高いことがわかった（図66）。

私は「落穂拾い」を観察しながら「この行動は、シカにとっていったいどんな意味があるのだろうか」と考えていた。遠く離れた場所からわざわざ集まってくるのだから、シカがサルの落とす食べものに魅力を感じているのは間違いない。では、一体なぜ魅力的なのか。私は、二つの可能性を考えた。一つ目は、シカ本来の食べものである草本類が不足しているからサルが落とす植物が魅力的、という可能性。二つ目は、シカの食べものは十分にあるのだが、サルの落とす食べもののほうが栄養価が高いから魅力的、という可能性だ。

一つ目の可能性を検証するため、私は草の量の季節変化を調べた。A群のサルの行動圏内の草原を毎月訪問し、正方形の枠を地上に設置して、枠内の草をハサミで刈り取って持ち帰り、重さを量ったのだ。草の量は夏から秋にかけて多く、その後急激に少なくなることがわかった（図67）。シカがサルの落とす植物に集まってくる晩冬から早春は、草の量の乏しい時期にあたる。一つ目の可能性を支持する結果が得られた。

次に、二つ目の可能性を検証するため、サルが落とす食べものと、シカの本来の食べものである草本類の栄養価を比較した（表1）。6章で紹介した手法を使って、サンプルの栄養分析を行ったのだ。サルが落とす食べものは、草よりも脂肪分やタンパク質が豊富で、エネルギー量が多いことがわかり、こちらの可能性も支持された。つまり、シカの食糧事情とサルが落とす食べものの栄養価は、いずれも「落穂拾い」に影響していたのである。

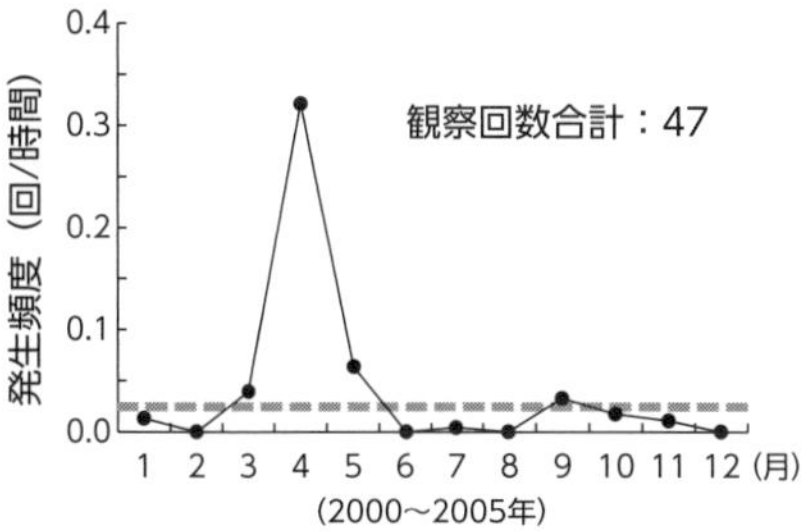

図66　シカの「落穂拾い」の頻度の季節変化。発生頻度は、月ごとの「落穂拾い」の観察回数を、その月の観察時間で割って計算した。破線は発生頻度の年平均を表す。

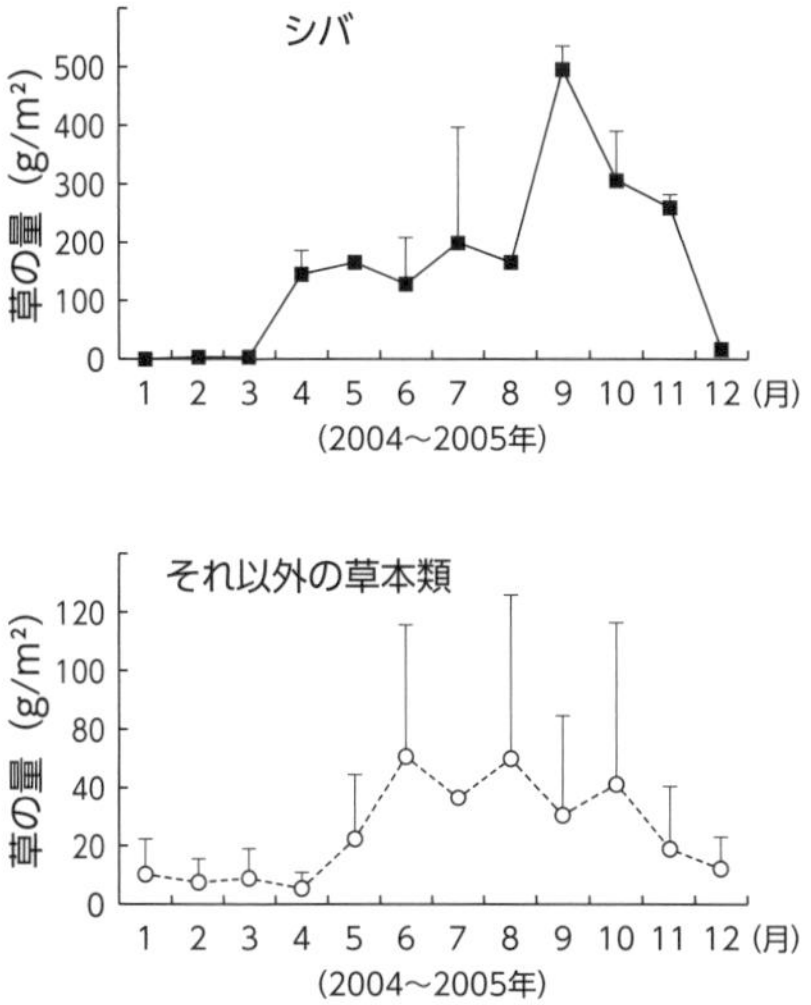

図67　単位面積当たりの草の量の季節変化。図の縦棒は標準偏差（データのばらつき）を表す。

表1　サルが落とす食べもの（上）とシカ本来の食べもの（下）の栄養価の比較。

	栄養成分（乾燥重量％）				エネルギー量
	繊維分	タンパク質	脂肪分	ミネラル	(kcal/g)
サルが落とす食べもの（平均値）	49.6	12.3	4.1	2.7	4.4
シカ本来の食べもの（平均値）	42.5	8.4	1.1	29.5	3.1

図69　シカの体重測定。個体識別された野生個体の体重データは、非常に貴重だ。

図68　金華山のシカ研究グループの調査。コジカの体重を計測中の樋口さん。

7・5　サルはシカの「真の友」

南さん、大西さん、そして樋口さんらの研究グループは、一九八九年から金華山のシカの調査をしている。彼らは一頭一頭のシカに名前を付け、その個体が生まれてから死ぬまでの成長や順位の変化、一生の間に残した子供の数など、世界でも類例のない、非常に細かなデータを集めている（図68）。サルの個体識別にさえ苦労している私には、彼らがどうやって百頭近くのシカの顔を区別できるのか、さっぱりわからない。

「今日なー、サイゴーがなー……！」

夕食時の調査小屋で、樋口さんがその日に観察したシカの面白エピソードを楽しそうに話すのを聞いていると、こちらも明日からサルの調査を頑張ろうという気になる。

さて、長期調査の一環として、彼らは定期的にシカの体重測定を行っている。大型の秤の上にベニヤ板を敷き、そこに餌をまいてシカをおびき寄せるのだ（図69）。識別さ

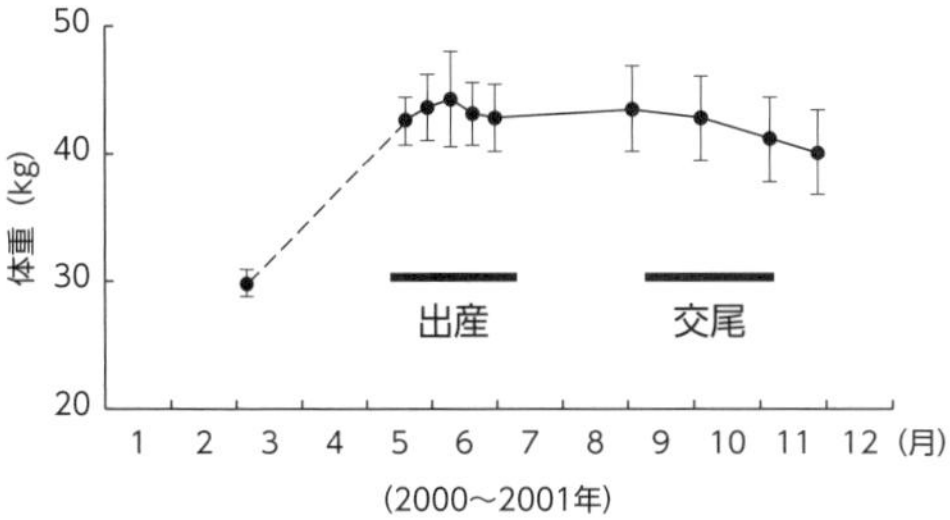

図70　金華山のシカの体重の季節変化。ここに写っている2枚の写真は、同一個体だ（上：夏、下：冬）。

れたシカの体重が継続して計測されている調査地は、世界広しといえど金華山くらいだろう。私は、落穂拾い行動とシカの栄養状態の関係を検討するため、南さんたちが集めたシカの体重データをお借りすることにした（図70）。

図70を見ると、シカの体重は夏に重く、冬に軽いことがわかる。晩冬から初春は、シカたちが秋に蓄積した体脂肪を使い切る時期で、彼らにとって最も厳しい季節だと考えられる。他の地域では、シカたちは落ち葉や樹皮をかじってこの季節を乗り切ることが知られている。つまりシカにとって、晩冬や初春にサルが落としてくれる枝や葉は、質・量いずれの面でも貴重な食物であるはずだ。A群には三〇〜四〇頭のサルがいるから、群れが一日に落とす植物の量は、自然に落下する量や、風に飛ばされて落ちる量よりずっと多いだろう。

私はサルが落とした食べものの量をきちんと調べたことはないが、インドのハヌマンラングールというサルの場合、二〇頭の群れが一年に一五〇〇キログラムの植物（葉・枝）を木から落とし、そのうち八〇〇キログラムが、アクシスジカに利用されたそうだ。この割合を金華山のサルとシカに当てはめると、少なくとも一年に数百キログラムの植物が樹上に落とされ、一〇〇キログラム以上がシカに利用されている計算になる。

シカの「落穂拾い」は、屋久島の海岸林でも報告されている。ここでは、サルが樹上を移動すると、地上のシカがそのあとをついて歩くのだそうだ。揚妻直樹さん（北海道大学）によれば、この地域で暮らすシカの食べものの一割近くが、サルが落とした葉や果実だったという。この島では、食べものを供給するパートナーとしてのサルの重要性が、金華山以上に高そうだ。

このように、シカにとってサルは、食べものの乏しい時期に自分では獲得できない、かつ栄養価の高い食べものを落としてくれる「ありがたい存在」といえるだろう。「困ったときの友こそ真の友」ということわざがある。サルは、シカにとってそんな存在なのかもしれない。

では逆に、シカはサルに何かお返しをしているのだろうか。先ほど紹介したインドの事例では、アクシスジカが捕食者に対して警戒音を出し、それを聞いたハヌマンラングールが逃げることがあるという。ただし、その頻度は低いそうだ。私は金華山で警戒音を通じた両者の関

図 71　シカとサルの関係のイメージ。

係を見たことはない（そもそもこの島にはサルの捕食者がいない）。つまり、「落穂拾い」から利益を受けているのはシカだけで、サルはシカに一方的に利用されるだけ（片利共生 commensalism）、という関係のようである（図71）。

金華山での「落穂拾い」の研究により、これまで無関係に暮らしていると考えられてきた二種の動物が、実は食べものを通じてつながっていること、そして、この関係がどうやらシカにとって利益があるらしいこと、の二点が明らかになった。残された謎は、サルが落とす食べものはシカの栄養要求をどの程度満たせるのか、そして、「落穂拾い」はシカの繁殖に貢献しているのか否か、という点だ。私はもう少し、この謎解きを楽しみたいと思っている。

「落穂拾い」の関係を見て、サルとシカが「仲良く暮らしている」と考えるのは、擬人的すぎるかもしれない。しかし、ひとけのない山奥で、サルとシカが「いつも悪いねぇ」「いえいえ……」などと会話している様子を想像すると、なんだか楽しくなる。自然界には、こんなほっこりする関係もあるのだ。皆さんの周りにも、生きものどうしの面白い関係が隠れているかもしれない。

7・6 「落穂拾い」がつなぐ縁

シカの「落穂拾い」を学術論文として発表したところ、思いのほか好評で、新聞や動物園関係の雑誌に取り上げていただいた。そんなある日のこと、東京の出版社からメールで「あなたが書いた『落穂拾い』のエッセイを、教科書の教材に使わせてもらえませんか？」という依頼が届いた。「はぁ？」

それも、理科ではなく国語の教材だという。いつもはこちらから論文を投稿するばかりでリジェクトをくらっているというのに、先方からの依頼なんて、初めてのことだった。担当者の話では、最近の国語教育は、図や表からデータを読み取るという学習が求められているらしく、研究レポートはその教材としてピッタリなのだという。編集者のアドバイスを受けて、元の文章は大幅に書き直すことになったが、思わぬ形で成果を社会に還元することができて、私は嬉しかった（図72）。

「落穂拾い」の論文は、私自身のその後の研究にも転機をもたらした。「ベトナムでドゥクラングールが落とす葉を、ホエジカが食べているらしいよ。見に行かない？」研究所の同僚が声をかけてくれたのだ。それが私の東南アジアでの研究のきっかけとなった（図73

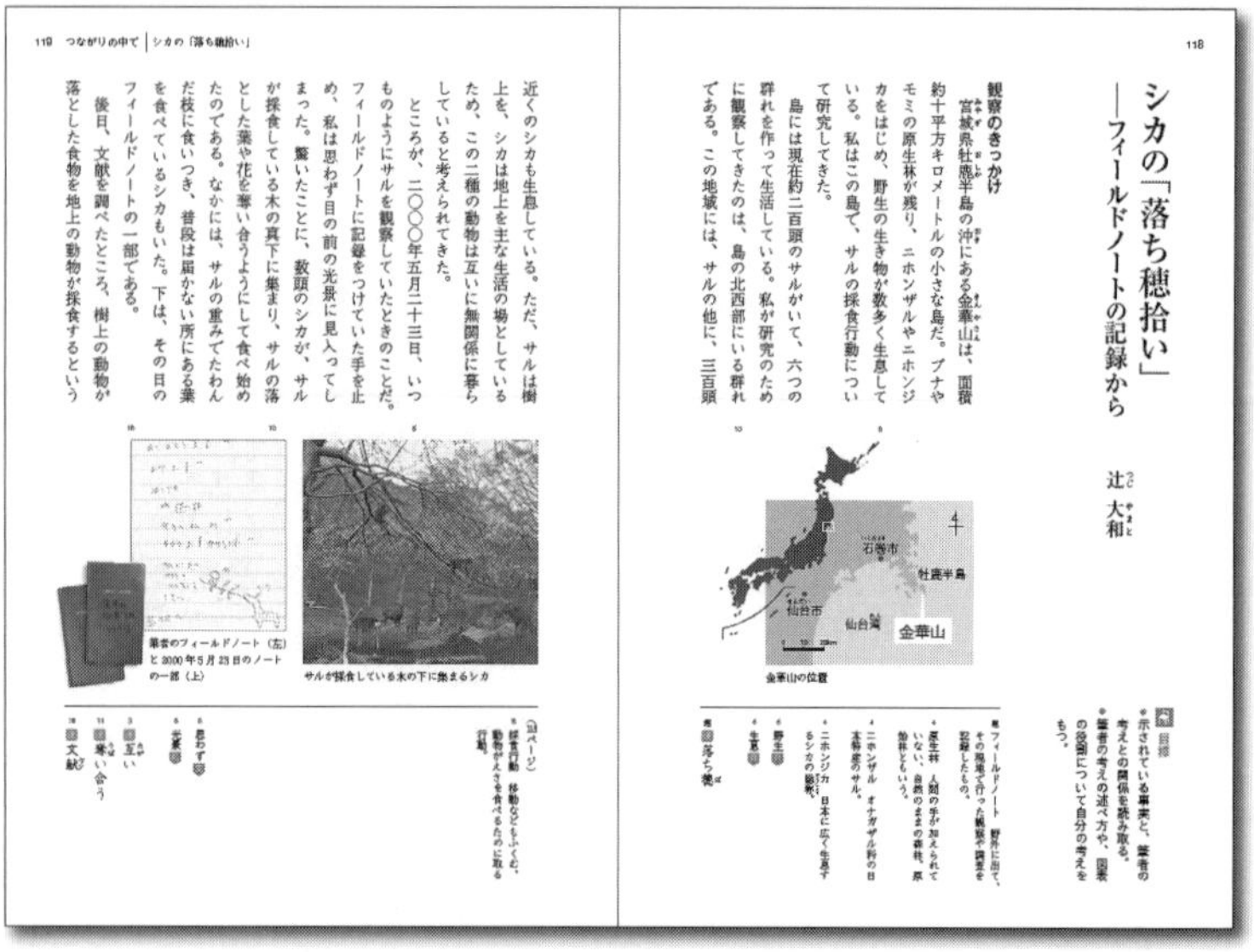

118

シカの「落ち穂拾い」
——フィールドノートの記録から

辻《つじ》 大和《やまと》

観察のきっかけ

宮城県牡鹿《おしか》半島の沖にある金華山《きんかさん》は、面積約十平方キロメートルの小さな島だ。ブナやモミの原生林が残り、ニホンザルやニホンジカをはじめ、野生の生き物が数多く生息している。私はこの島で、サルの採食行動について研究してきた。

島には現在約二百頭のサルがいて、六つの群れを作って生活している。私が研究のために観察してきたのは、島の北西部にいる群れである。この地域には、サルの他に、三百頭

金華山の位置

目標
・示されている事実と、筆者の考えとの関係を読み取る。
・筆者の考えの述べ方や、図表の役割について自分の考えをもつ。

・フィールドノート　野外に出て、その現場で行った観察や調査を記録したもの。
・原生林　人間の手が加えられていない、自然のままの森林。原始林ともいう。
・ニホンザル　オナガザル科の日本特産のサル。
・ニホンジカ　日本に広く生息するシカの総称。

119　つながりの中で｜シカの「落ち穂拾い」

近くのシカも生息している。ただ、サルは樹上を、シカは地上を主な生活の場としているため、この二種の動物は互いに無関係に暮らしていると考えられてきた。

ところが、二〇〇〇年五月二十三日、いつものようにサルを観察していたときのことだ。フィールドノートに記録をつけていた手を止め、私は思わず目の前の光景に見入ってしまった。驚いたことに、数頭のシカが、サルが採食している木の真下に集まり、サルの落とした葉や花を奪い合うようにして食べ始めたのである。なかには、サルの重みでたわんだ枝に食いつき、普段は届かない所にある葉を食べているシカもいた。下は、その日のフィールドノートの一部である。

後日、文献を調べたところ、樹上の動物が落とした食物を地上の動物が採食するという

筆者のフィールドノート（左）と2000年5月23日のノートの一部（上）

サルが採食している木の下に集まるシカ

（118ページ）
・採食行動　移動なども含む、動物がえさを食べるために取る行動。

図72　シカの「落穂拾い」の紹介記事が、中学校国語の教科書（1年生）の教材になった。
出典：光村図書出版、平成24年度版 中学校「国語 1」pp.118-125.

a)。

二〇一〇年に訪問したインドネシア・ジャワ島で、私は新たな調査地に出会うのだが、そこを拠点に決めた理由も、頻繁に観察される「落穂拾い」だ。ここでは、ジャワルトンというサルが落とす高木の葉を、同所的に生息するルサジカが食べるという関係が見られる（図73 b）。この調査地でシカが好んで「落穂拾い」するのは、オランダ統治時代に植えられたマホガニーの葉である。つまり、人間が植えた樹木をルトンが食べものとし、それを地上のシカに提供しているのだ。

図73　a）ベトナムに生息するアカアシドゥクラングール（*Pygathrix nemaeus*）、b）ジャワルトン（*Trachypithecus auratus*）が落とすオオバマホガニー（*Swietenia macrophylla*、センダン科）の葉を食べるルサジカ（*Rusa timorensis*）。インドネシア・ジャワ島にて。

うまくいかない日もある

フィールドワークが常に順調とは限らない。第一に、調査に行けるか否かは、その日の天候に左右される。小雨ならば一応調査に出るが、サルたちは濡れるのが嫌なのか、木の下や岩陰でじっとしていることが多いので、こんな日には行動データの収集はあまり期待できない。大雨の日は、サルの立てる音が雨音にかき消されてしまうので、彼らを見つけるのが難しくなる。ずぶ濡れになるとすぐに風邪をひいてしまうから、こんな日は調査小屋で待機することが多かった。小屋の掃除をしたり、本を読んだり、データを整理したり。雨の日にも、することはいろいろあるのだ。

天候に恵まれても、観察対象のサルが見つからなければデータは取れない。どんなに経験を積んでも、サルが見つからない日はある。とくに冬は、主食の草本類やサンショウが行動圏内に広く分布するために、サルたちの使う場所が予想しづらく、風が吹く中、サルを探してさまよい歩くことになる。風で揺れた枝、双眼鏡でちらっと見えた黒い塊、これらをすべてサルだと思い、私はつい走り出してしまうのだった。

大学院生の頃、私はなるだけ効率よくサルを観察して、可能な限り多くのデータを集めるのがベストな調査だと思っていた。サルが見つからず、無駄に時間が過ぎていくことに、いつもイライラしていた。今なら、サルを追えない時間も考慮した調査計画を立てるところだが、当時はこういう事態を想定する余裕がなかったのだろう。

学位を取るというプレッシャーから解放された今、私はサルに会えない時間を休息の機会だと考えることにしている。それに、私の経験上、新しいアイディアを思いつくのは、サルを探して一人で歩いている時間であることが多い。サルを観察していると、データの記録で頭がいっぱいになってしまい、研究デザインの妥当性や意義づけに関して、冷静に判断できなくなってしまう。時にはサルから離れてじっくり考える時間も必要だ。

私とサルの関係

動物好きの人なら、おそらく一度は野生動物と心を通わせたい、と思ったことがあるはずだ。私自身は残念ながら、これまでサルたちに特別な感情を持たれたことはない。風の強い、冬のある日に、サルたちが自分の周りに集まってくることがあった。「おっ、何かモテてる?」などと勘違いしてしまったが、何のことはない、彼らは、私を風よけに使っていただけだったようだ。

二〇〇六年、「アリサ」というA群のメスが生んだアカンボウがシカよけの柵に張られた網に絡まって身動きが取れなくなったことがあった。「助けようとしてるけど、母ザルが威嚇してきて困ってる。辻君も来てよ！」樋口さんに連絡を受けて現場に急行したのだが、「アリサ」にとっては、相手が誰だろうが関係ないらしく、私は彼女から猛烈な威嚇を受けた。今にもとびかかりそうな勢いで、歯をむき出しにしてにらみつけてきたのだ。結局、持っていた剪定バサミで網を切って赤ん坊を救出したものの、何年も君たちといっしょにいるんだからもう少し信用してくれてもいいじゃんか……と、なんだか切ない気持ちになった。

海外での調査を終えて久しぶりに金華山に調査に入ると、A群はすっかり世代交代していて、私が大学院時代に観察していた個体はわずかに残るだけとなっていた。私の姿を見て逃げ出していくコザル達を眺めながら、私は若干の寂しさを覚えた。

最後に一つ、ちょっといい話を。秋にサルたちを追って草原を歩いていたときのこと。ススキの茂みに足を踏み入れると、驚いたトノサマバッタが足元から飛び出した。バッタが着地するタイミングで、どうやって気づいたのか知らないが、私の近くを歩いていた若いオスザルがさっと飛び出し、そのバッタを捕まえて食べたのだ。私と一緒にいれば、バッタを食べられるとわかっていたのかもしれない。

私とサルの関係は、せいぜいこんなもの。サルたちは私のことを「いつもついてくる変なヤツだが、少なくとも敵ではないようだ」とでも思っているのだろうか。

8章　森にタネをまくサル ―― 種子散布 ――

8・1　植物にとって、サルはどんな存在か

ここまで、植物がサルの暮らしに与える影響について解説してきた。では逆に、サルの暮らしが植物に与える影響はないのだろうか。サルにとって、ある植物の果実や花を食べるのは一瞬の行動に過ぎないが、植物の立場では、繁殖に関わる部位が食べられてしまうと、その個体がダメージを受けるだけでなく、次世代に子孫を残せないことになるから、適応度の低下につながる。逆に、もしサルが食べることで植物の成長や繁殖が促進されるなら、サルは植物の適応度にプラスの影響を与えていることになる。

その採食圧が環境に与える影響が最も深刻なのは、シカをはじめとする有蹄類だ。シカは体が大きく、また大きな群れで生活するため、一日に食べる量が多い。さらに、繁殖率が高いからすぐに高密度化して、生息地内の植物を食べつくして植物群集の多様性を低下させる。スギやヒノキなど、経済的に重要な樹種の樹皮を食べてしまうと、それは林業に深刻な被害を与える。おとなしい草食動物だと考えられがちだが、シカは現在、わが国で最も農林業被害額の大きい動物だ。

いっぽうサルは、群れで暮らす動物とはいえ、シカに比べて体が小さいから、その採食が植物に与

える影響も、比較的小さいだろう。ただ、島や野猿公苑など、生息密度が高い場所では、サルの暮らしが植物に影響を与えたという事例が各地で報告されている。

まずは、樹形の変化だ。図74に示したのはエノキの木だが、これを見て、何か気づくことはないだろうか。通常、エノキは枝を長く伸ばしてその先に葉をつけるが、写真のエノキはまるでタコの足のように、太い枝から無数の小さい枝を伸ばしている。金華山には、エノキの木がわずか三本しかなく、そのすべてがA群の行動圏内に生えている。春から初夏にかけて、サルたちはエノキの若葉を集中的に食べるので、葉の成長が追いつかなくなり、このような形に変化してしまったらしい。

図74　樹形が変わったエノキ。

サルによる過度の採食は、植物を絶滅に追いやることさえある。私が卒業研究をしていた二〇〇〇年から大学院を修了する二〇〇七年ころまで、A群のサルは草原でサワフタギという低木の葉をよく食べていた（図75ａ）。しかし、二〇一〇年以降の調査で、私はサルがこの樹種を食べるところをほとんど観察していない。そして草原では、枯死したサワフタギが増えてきた（図75ｂ）。サルが葉を繰り返し利用したために光合成能力が失われ、枯れてしまったよう

図75
a) サワフタギ（*Symplocos sawafutagi*、ハイノキ科）を食べるサル、b) 枯れたサワフタギ。

だ。図74で紹介したエノキも、近い将来同じ運命をたどるのだろうか。

8・2 送粉

植物は自力で動くことはできない。しかし自然界で植物が――より正確には、植物の持つ遺伝情報が――、移動する方法が二つある。まず一つは、花粉の段階だ。たとえば、ハチ、チョウ、ハエなどの昆虫や、ハチドリなどの鳥類、そしてオオコウモリが花の蜜を吸おうと花にやってくると、彼らの体に雄蕊《おしべ》の先にある花粉が付着する（図76a）。そして彼らが別の花に移動すると、先ほどの花粉が、別の花の雌蕊《めしべ》に付着する。

図76　a）デイゴ（*Erythrina variegata*、マメ科）の花に口を突っ込むオリイオオコウモリ（*Pteropus dasymallus inopinatus*）。b）タビビトノキ（*Ravenala madagascariensis*、ゴクラクチョウカ科）の送粉者として機能するクロシロエリマキキツネザル（*Varecia variegata*）。

花粉が動物によって移動することにより、両親の持つ遺伝情報が混ぜ合わされ、子孫に受け継がれることになるわけだ。これを送粉（pollination）という。被子植物の色とりどりの美しい花は、人間を喜ばせるために咲くのではなく、甘い蜜の存在をアピールして、動物たちを引き寄せる目印となっているのだ。これに対してスギやヒノキのような、風で大量の花粉を散布する植物は目立たない花をつけ、飛散した花粉は、毎年私たちを悩ませることになる。

霊長類の一部も、昆虫や鳥のように送粉に貢献していることがわかってきた。たとえばマダガスカルに生息するエリマキキツネザルは、タビビトノキという植物の送粉に役立っている（図76 b）。この植物は、花が非常に硬い葉で覆われており、その蜜を舐めるには、硬い葉をこじ開ける必要があるのだが、マダガスカルの動物でそれができるのは、キツネザルだけだ。タビビトノキは、進化の過程でキツネザルが利用しやすいように花序の大きさや構造を変化させ、キツネザルも葉をこじ開けやすいように採食の方法や口吻の形状を少しずつ変化させたと考えられる。両者は、花粉の媒介を通じて互いに進化した、強力なパートナーと言えるだろう。この関係は、長い時間をかけて出来上がったものだから、キツネザルの絶滅は、彼らに送粉を頼っているタビビトノキの絶滅を意味する。

8・3　種子散布

ポスドク時代、大変ありがたいことに、高槻先生は私を特定のプロジェクトに縛りつけることはせず、自由に研究させてくれた。そこで私は、かねてから興味を持っていた、サルが植物に与える影響についての研究に取り組むことにした。具体的なテーマとして手をつけたのが、サルによる種子散布だ。

先ほど、植物が「移動」する方法が二つあると述べた。送粉と並ぶもう一つの移動方法は、離れた場所に自らのタネを運ぶというものだ。これを、種子散布（seed dispersal）という。種子散布には、動物が役立っていることが多い。果実を食べるとき、タネが小さかったりタネが果肉と密着していたりすると、動物は吐き出すのが面倒なのか丸呑みしてしまう。動物の消化管を通ったタネは、移動先で糞とともに排泄される。このようにしてタネを運ぶ方法を、飲み込み型散布という。道ばたで野生動物の糞を見つけたら、それを棒でほぐしてみるといい。たいてい何かのタネが入っているはずだ。

タネがもっと大きくなると、サルはその場では飲み込まずにいったんほお袋に入れ、口の中でタネと果肉を分離して、少し離れた場所でタネだけ吐き出す。これも、広い意味では種子散布だ。動物による種子散布には、他にリスやネズミなどで知られている貯食散布と、タネが動物の体に付着して運ばれる付着散布があるが、本書では扱わない。

植物がつくった果実は、そのままだとやがて熟して母樹の真下に落ちる。ここは枝が長く伸び、葉が茂っているため日当たりが悪い。運よくタネから芽が出たとしても、周囲には同じように芽を出した自分のきょうだいがいるから、彼らと日光や栄養、水分を取り合うことになり、大きく育つことは難しい。また、このような場所で病気がはやったり、捕食者に見つかったりすると、小さな芽は全滅してしまうだろう。自由に動ける動物の力を借りれば、より遠く離れた場所にタネを運ぶことができるし、タネの発芽や芽の成長に適した場所に運ばれる確率も高まる。「植物が動物に甘い果物を提供し、動物が植物のタネを運ぶ」という両者の契約が、飲み込み型散布なのだ。

よく誤解されるのだが、7章で取り上げた「落穂拾い」も、本章で紹介する種子散布にしても、サルはシカや植物のためを思って、葉を落としたり果実を飲み込んだりしているわけではない。彼らは単に、自分の食べる欲求を満たそうと行動しているだけで、その行動が結果として他の動物や植物に有利にはたらいているに過ぎない。アフリカのローランドゴリラは、草や枝を折り曲げたベッドを地上につくって眠り、翌朝にこの中で糞をしてから出発する。ベッド周辺は植物が取り除かれるため、太陽の光が差し込むようになる。ゴリラが好んで果実を食べるコーラという植物のタネは糞とともに排泄されるが、このような開けた場所での発芽率が高く、また生存率も高い。ゴリラは、自分の食べものを増やすためにわざわざコーラのタネをベッドに運んでいるように見えるが、それは結果的にそうなっているだけの話だ。テレビ番組などで動物の行動を説明する際に、目的論的な解釈をしていることがあるが、それには注意が必要だ。

8・4 サル糞の分析

サルの種子散布について調べる最初のステップは、サルがどんなタネを散布しているのかを確認することだ。実は私は、二〇〇〇年に卒業研究を始めた頃から、調査中に見つけた糞を、手当たり次第に拾っていた。「何かデータをもって帰らないともったいない」という貧乏性から来る、私

図 77 各季節のサル糞。a) 春：若葉が多く含まれ、一年で一番臭い。b) 夏：この季節の糞には糞虫が多く集まってくる。c) 秋：様々なタネが含まれている。d) 冬：この季節はサルが樹皮を多く食べるため、繊維質だ。

のいつものクセだ。

糞の匂いは季節によって大きな違いがある。一番強烈なのは、春先の糞だろう。若葉を主食にしている関係で色が黄緑色で水分がやや豊富な、どろりとした糞で、鼻をつく独特な匂いがある（図77）。この糞が靴や服にくっつこうものなら、数日間は匂いが取れない。春にはこんな糞が地雷のように道の上に点々と落ちている。夏はもう少し固い、黄色っぽい糞になる。排泄されると、すぐに糞虫が飛んでくるので、彼らと私の争奪戦が始まる。秋の糞は表面に無数のタネが出ているので、分析するまでもなくサルがタネを散布していることがわかる。冬の糞は、繊維分に富んだ黒っぽいもので、まるで団子のように、二〜三個の破片が繊維でつながっている。

いつか中身を調べよう、と思いながらそのままになっていたサル糞のサンプルをようやく分析する目途がたったのは、二〇〇九年のことだった。整理してみたところ、研究室の倉庫には、二〇〇〇年から二〇〇九年までに集めた一〇年分・約一三〇〇個の糞が、アルコール漬けの状態で保管されていた（図78）。採集した糞は、研究室でフルイにあけて水洗する（図79）。はじめのうちは、黒くにごった水しか流れてこないが、三分くらいゴシゴシ洗っていると水はいつの間にか透明になり、やがて大きな破片だけがフルイに残る。この中にお目当てのタネが入っているから、あとはピンセットでそれを取り出してシャーレで乾燥させればいい。麻布大学や岐阜大学の学生さんの協力も得ながら、一年をかけて、一〇年分の糞からタネを取り出していった。窓がなく、ときどきほのかに糞の香りがただよう部屋でひたすらピンセットを動かすのは、根気のいる作業だった。

8・5 糞は情報の宝庫

金華山のサル糞からは、三五種もの植物のタネが出現した。夏と秋はタネの出現率が最も高く、また糞一個に含まれるタネの数も多かった。大部分は木本植物のタネだったが、草本類のタネも一三種、含まれていた（図80）。これまで、草食獣が草のタネを散布していることは知られていたが、私たちの研究から、サルも草のタネの散布に一役買っている可能性が示されたのである。

この結果を、すでに同様の調査がなされている屋久島、下北半島、東京の三カ所と比べたところ、

図78　倉庫に眠っていた、10年分のサル糞。

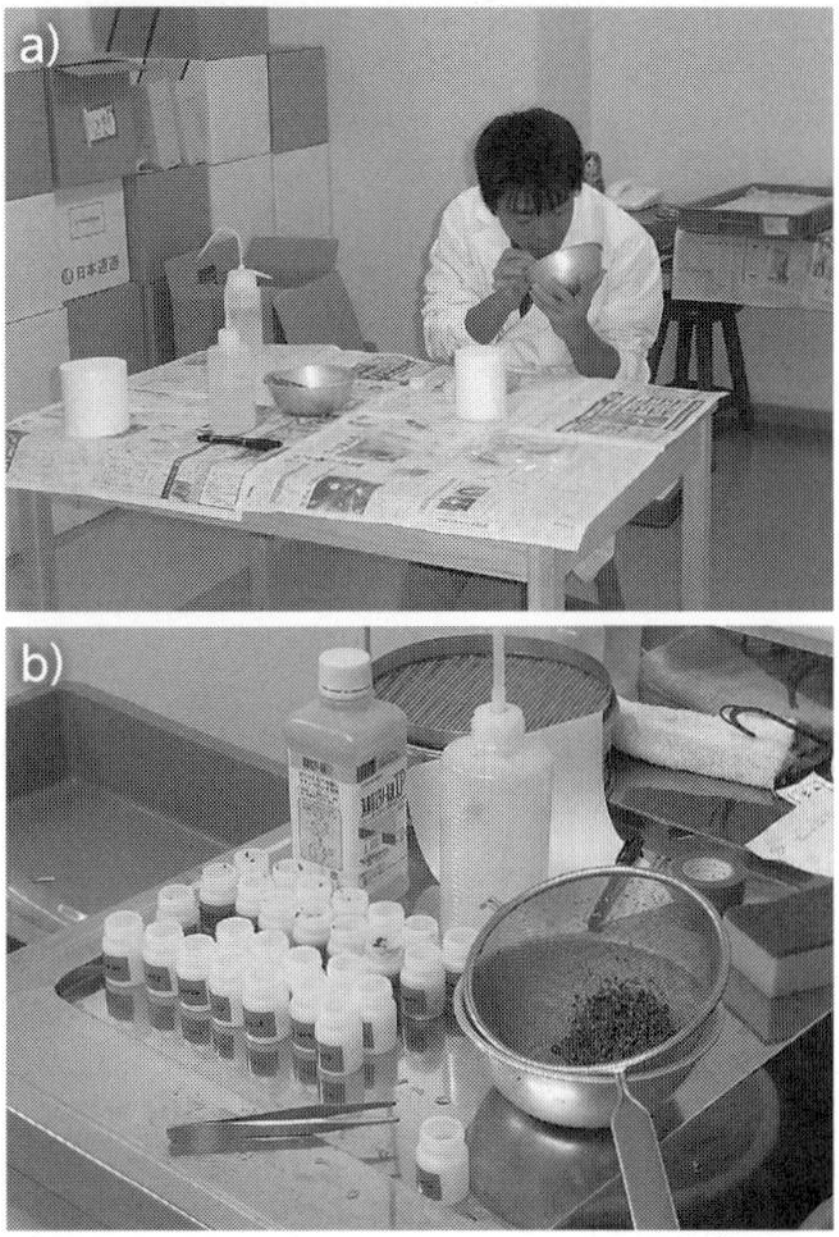

図79　サル糞を分析しているところ。a) 採集した糞をフルイにあけてよく水で洗う。b) 糞に含まれるタネを一つずつ取り出す。

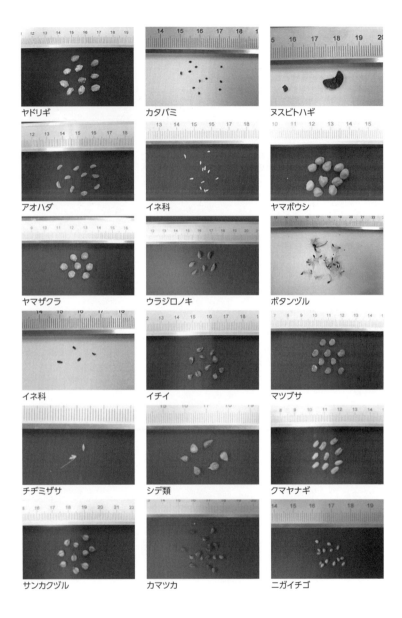

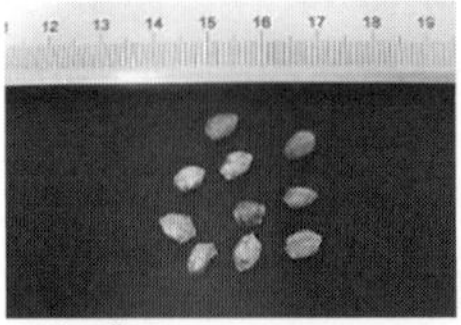
ヤドリギ

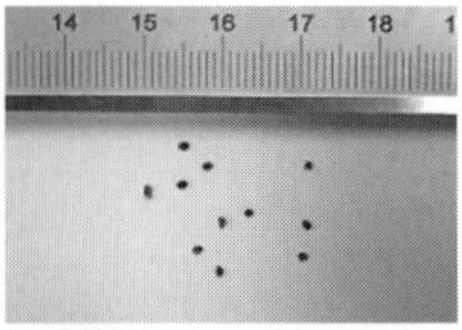
カタバミ

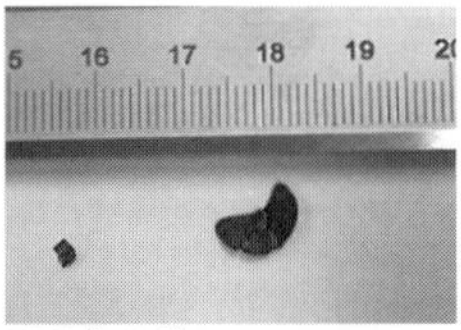
ヌスビトハギ

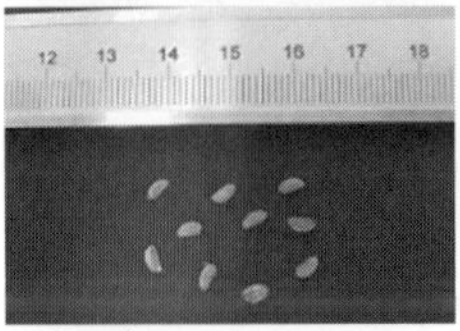
アオハダ

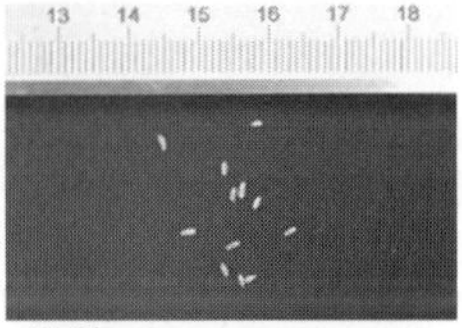
イネ科

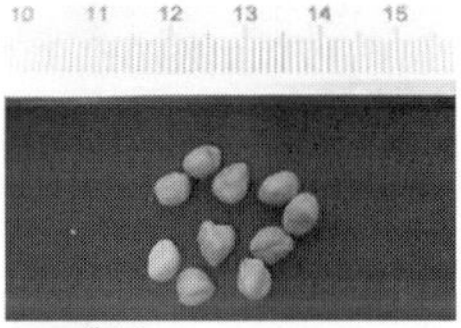
ヤマボウシ

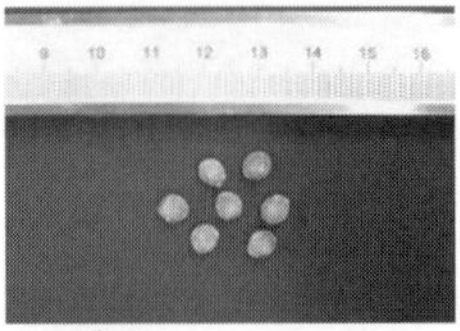
ヤマザクラ

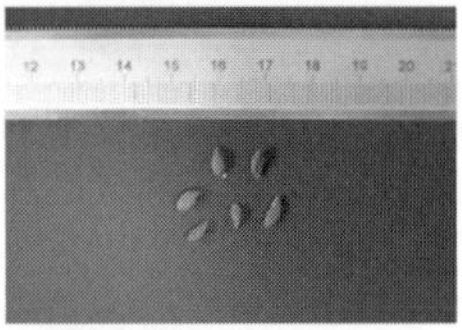
ウラジロノキ

ボタンヅル

イネ科

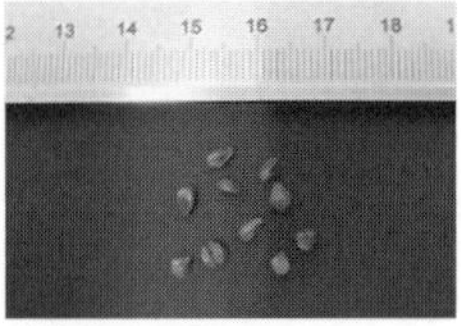
イチイ

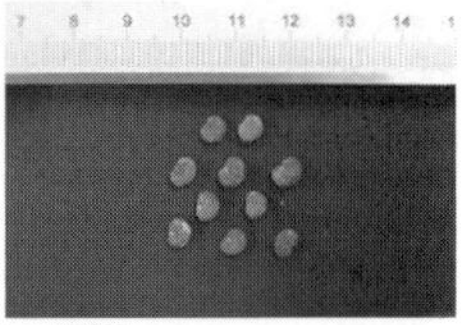
マツブサ

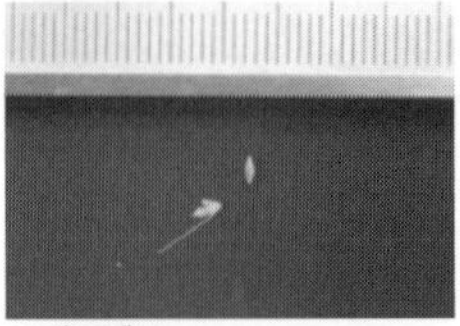
チヂミザサ

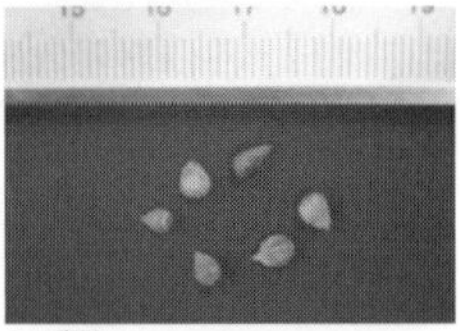
シデ類

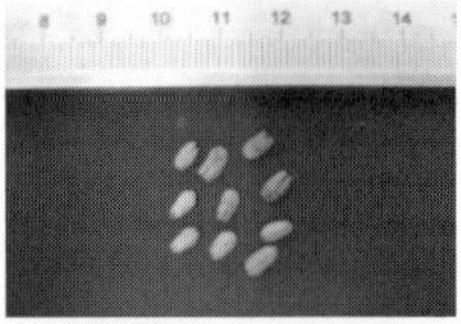
クマヤナギ

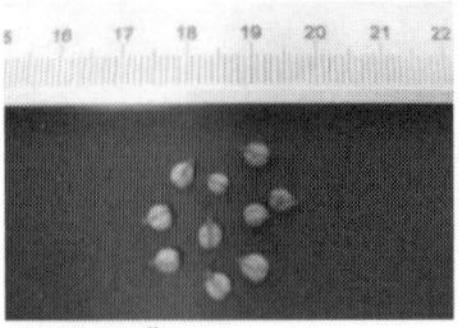
サンカクヅル

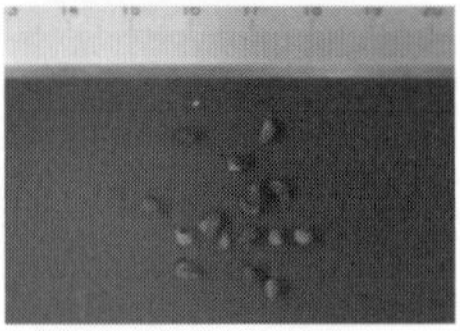
カマツカ

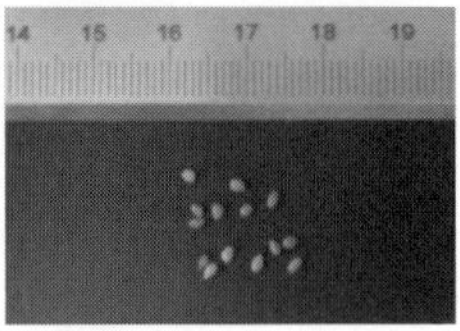
ニガイチゴ

図 80 金華山 A 群のサル糞と、糞から出てきた主要なタネ。平均直径 0.8mm のイネ科草本のタネから 10.8mm のカヤのタネまで、大きさや形はバラエティに富んでいる。

サル糞に含まれるタネの種数は、屋久島で最も豊富だった。この島の植生が豊かであることを反映しているのだろう。散布者としてのサルの特性は固定されたものではなく、それぞれの生息環境の特性——植生ならびに物理環境——に応じて、また植物の樹種に応じて変わるようだ。

分析を進めていくと、散布の特性が年ごとに変わることもわかった。金華山の秋のサル糞から出てきたタネの出現率を五年間で比べたところ、年ごと、樹種ごとに異なっていた。たとえばガマズミのタネは二〇〇〇年にはあまり出現せず、サンカクヅルのタネは二〇〇五年と二〇〇八年の糞からよく出現した（図81ａ）。また糞の中で傷のついたタネの割合を調べ、健全率を求めたところ、これも年ごとに異なり、たとえば、クマノミズキのタネは二〇〇四年と二〇〇七年は多くがかみ砕かれた（図81ｂ）。つまりこれらの年には、サルはこれらのタネの散布者ではなく捕食者としてはたらいたということである。タネの健全率の年変化には、これらの年の堅果類の結実があまりよくなかったことが関係しているだろう（図54）。ただし、ガマズミやノイバラのタネの健全率は、調査期間を通じて一定であるなど、タネとサルの結びつきは、植物の形態的特徴の影響も受けているようだ。

このように種子散布者としてのサルのはたらきは、時間的にも空間的にも変化する。食べものの供給状態が時空間的に変化するのだから当たり前の結果なのだが、限られた地域での調査、あるいは限られた期間で得られた結果は往々にして独り歩きし、その結論が一般化されてしまうことはよくある。いろいろな場所で、あるいは様々な時期に、「当たり前」のデータをコツコツ積み上げるのは、自然界の成り立ちを理解するうえで大切なことだと、私は思う。

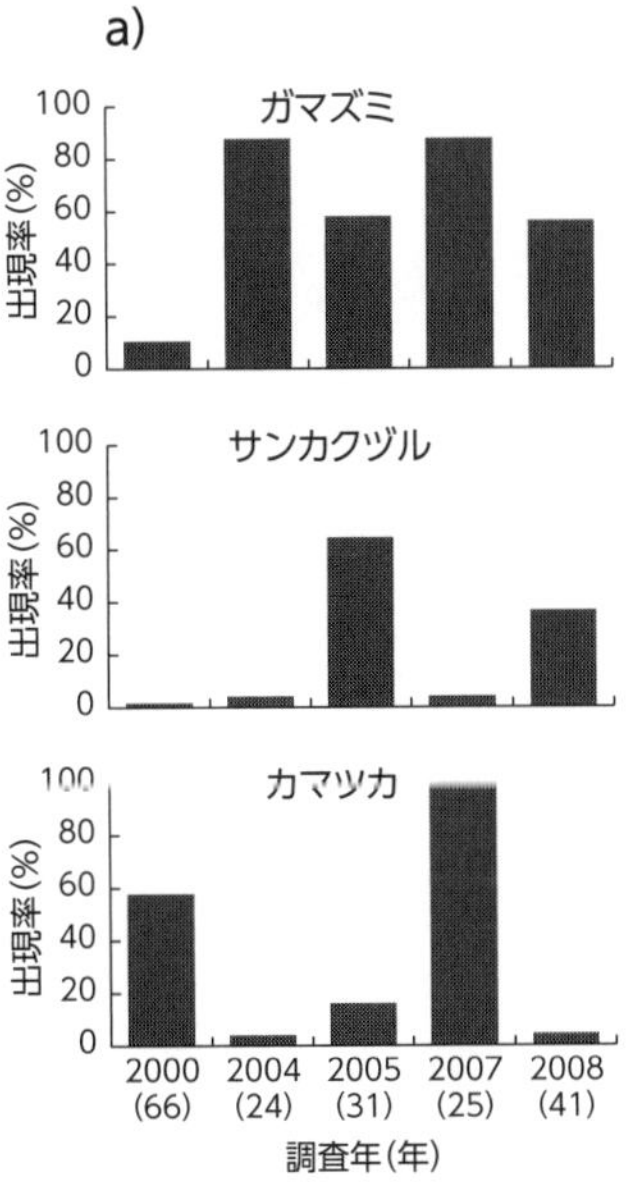

図 81　金華山のサルの種子散布特性の年変化。
a) 糞からのタネの出現率。括弧内の数字は分析したサンプル数を示す。
b) タネの健全率（2000 年は 10 月のみ）。
Br：クマヤナギ、*Ck*：ヤマボウシ（*Cornus kousa*、ミズキ科）、*Sn*:マツブサ（*Schisandra nigra*、マツブサ科）、*Ta*：ハダカホオズキ（*Tubocapsicum anomalum*、ナス科）、*Sm*：クマノミズキ、*Mt*：オオウラジロノキ（*Malus tschonoskii*、バラ科）、*Pv*：カマツカ（*Pourthiaea villosa*、バラ科）、*Zp*：サンショウ（*Zanthoxylum piperitum*、ミカン科）、*Ab*：ヤブマメ（*Amphicarpaea edgeworthii*、マメ科）、*Vf*：サンカクヅル（*Vitis flexuosa*、ブドウ科）、*Aj*：ウラジロノキ（*Aria japonica*、バラ科）、*Rm*：ノイバラ（*Rosa multiflora*、バラ科）、*Vd*:ガマズミ、*Pf*:レモンエゴマ（*Perilla frutescens*、シソ科）、*Va*：ヤドリギ（*Viscum album*、ビャクダン科）

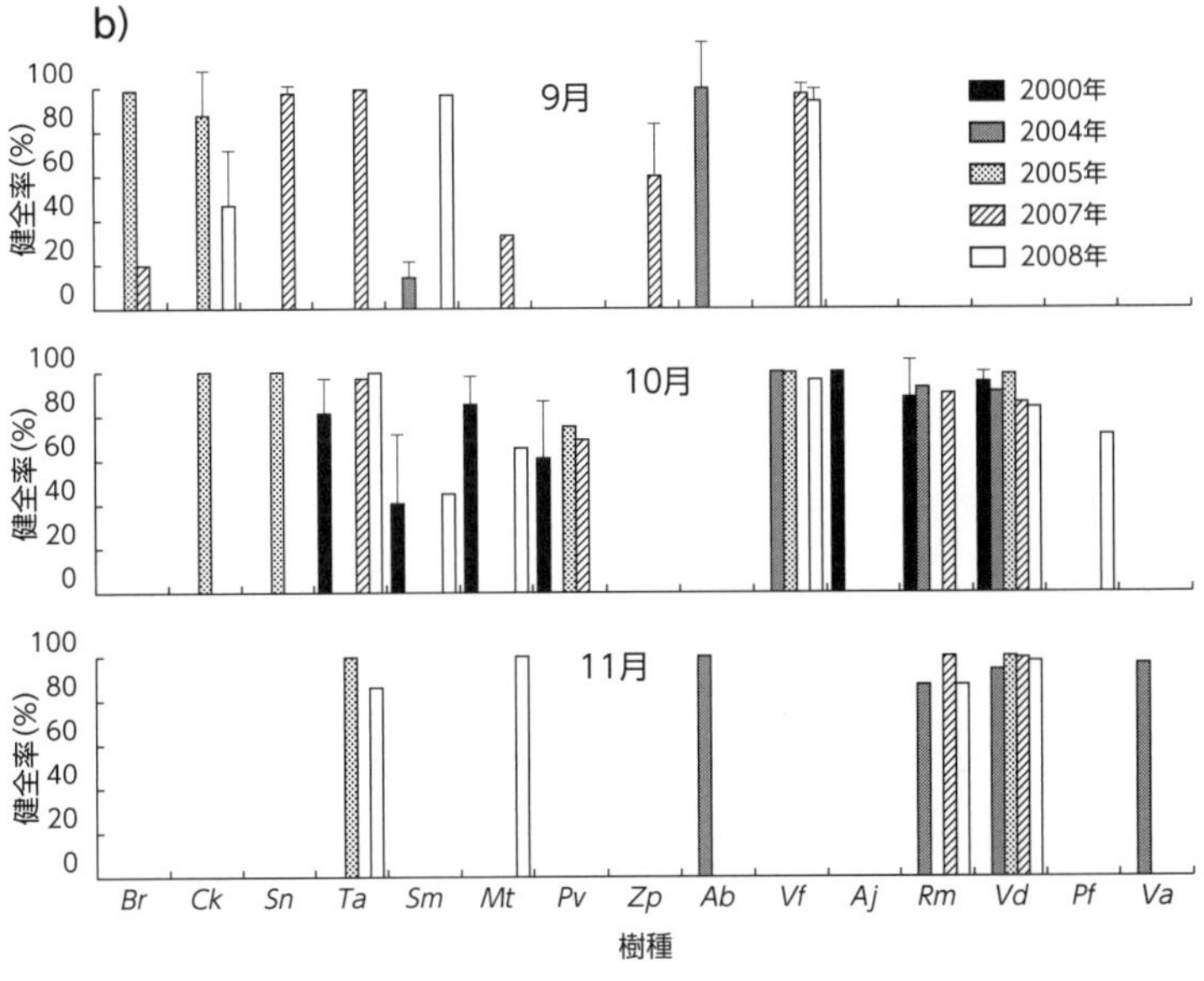

8・6　タネのゆくえ

学位をとって一年ほどたった二〇〇八年四月、私は京都大学霊長類研究所に異動して非常勤研究員として働くことになった。ようやく人並みに給料をもらえる立場になったのだ。配属されたのは、実験用のサルを管理する部門で、そこには多くのサルが飼育されていた。私はこの環境を活用して、飼育下のサルがタネを飲み込んでから糞に出てくるまでの時間を調べることにした。サルがタネを運ぶ距離を推定するためだ。

タネの散布距離を評価する一番確かな方法は、果実を飲み込んでから糞を排泄するまでサルを追跡して、食べた場所と排泄場所の直線距離を測るというものだ。しかしこの方法はサルを途中で見失わずに数日間連続で追い続ける必要があり、現実的ではない。タネの細胞に含まれる遺伝子の塩基配列を調べ、それを候補となる木の遺伝子と比べて散布距離を推定する方法もある。これは事件現場に残された血液から犯人を捜す科学捜査と原理は同じだ。このやり方は精度こそ高いが、分析機器の導入や試薬の購入にお金がかかる。さらに、候補となる木が数本ならよいが、数百本、数千本あったらお手上げだ。

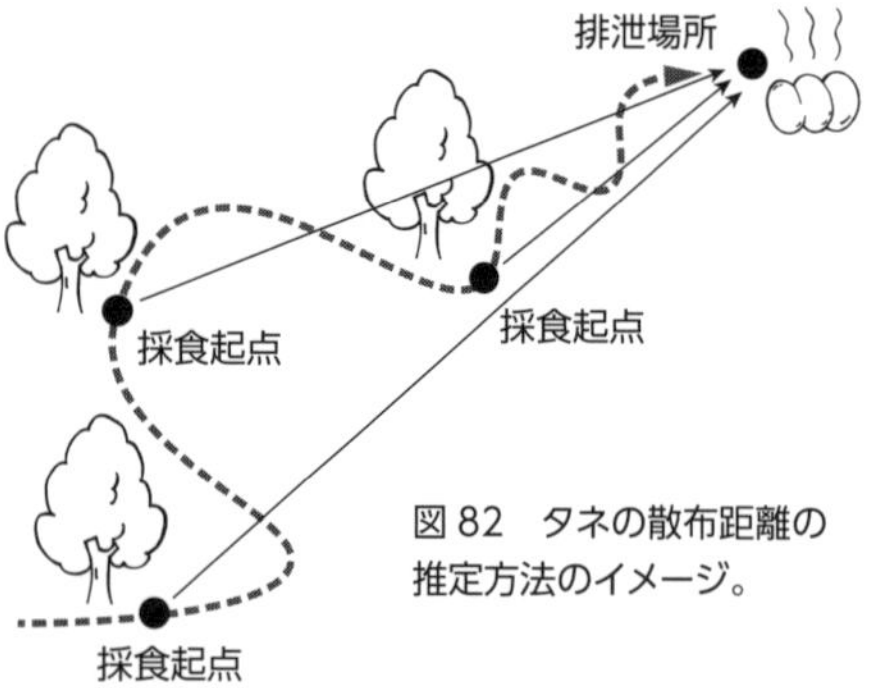

図82　タネの散布距離の推定方法のイメージ。

私が考えた方法はこうだ。まず、霊長類研究所のサルにタネを飲み込んでもらい、糞から出てくるまでの時間を調べる。次に、3章で紹介した、A群のサルの土地利用のデータを使って、果実の採食場所を起点に、タネが排泄されるまでの間にサルが動き回った範囲を調べる。最後に、起点と推定排泄場所の距離を測定し、食べた果物に含まれるタネがどれだけ運ばれたのかを推定するのだ（図82）。

私は、園芸植物のタネを実験に使うことにした。研究所で飼育されているオトナのメスザルは、バナナが大好物。これらの「タネ」をバナナに直接埋め込んで与えたところ、すぐに飲み込んでくれた。あとは一定時間ごとに飼育室に入って糞を回収し、フルイの上で水洗いしてタネを取り出す（図83）。研究所に泊まり込んでの実験が続いた。時間に余裕があった独身時代だからできた仕事だろう。

タネが最初に糞から出てきた時間は、給餌から二二～三五時間後、半分が出てきたのが三七～五四時間後、そして最後のタネが出てきたのが五三～一〇九時間後だった。ということは、金華山のサルがタネを飲み込んだ翌日から約四日後（一〇九時間）までに歩き回った範囲のどこかに、タネの入った糞が排泄されているはずだ。

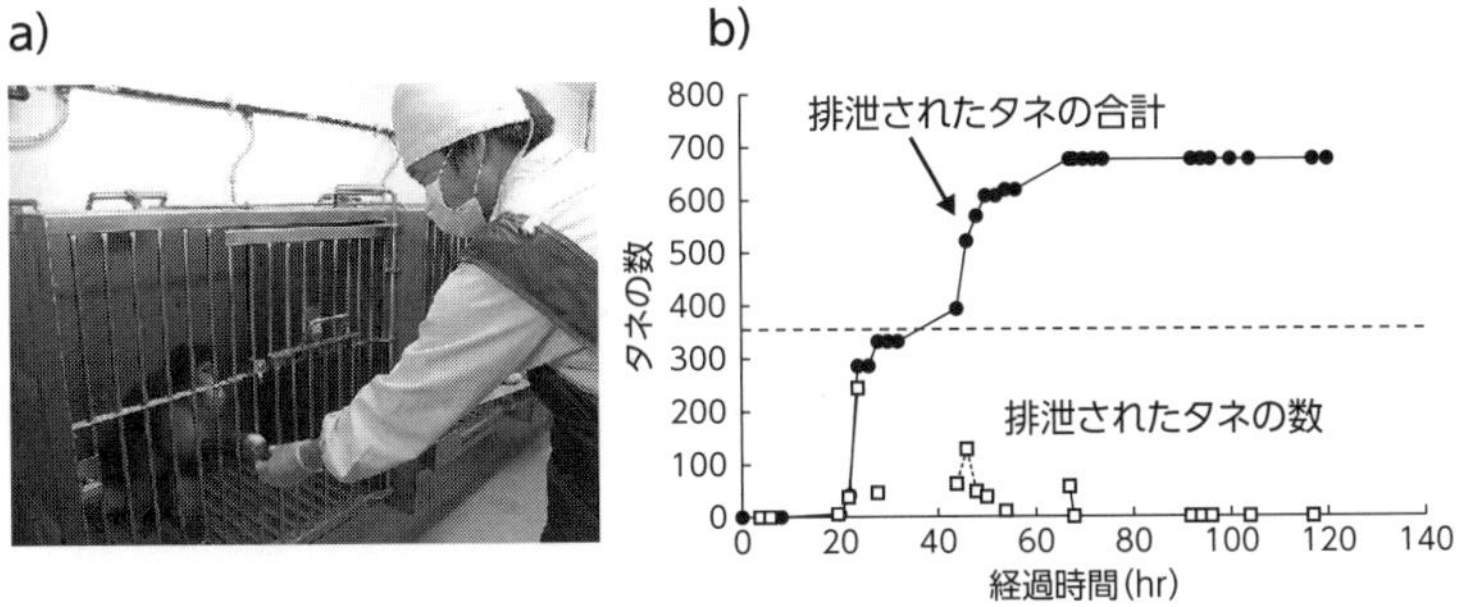

図83　京都大学霊長類研究所での給餌実験。a) タネを入れたバナナをサルに与える著者。b) 糞から出たタネの数と、排泄されたタネの合計（積み上げグラフ）。

次に、A群のサルが秋によく食べるガマズミとノイバラの二種類をモデル植物として、タネの散布距離を評価した。タネの推定散布距離の頻度分布を表したのが、図84だ。タネの散布距離は、いずれの種も二〇〇〜五〇〇メートルにピークをもつことがわかった。遺伝マーカーを使ってヤマモモのタネの散布距離を調べた屋久島の研究でも、ほぼ同様の結果が得られており、サルによる飲み込み型の散布距離の平均は、おおむね数百メートルと考えてよさそうだ。たまに、食べた場所から一キロメートル以上離れた場所にタネが散布される場合もあった。このような、たまに生じる長距離散布が、植物の生存に意味をもっている可能性もある。

屋久島では、ほお袋散布によるタネの散布距離も調べられている。こちらの散布距離は、食べた木から数メートルから数十メートルと、飲み込み型のそれよりもずっと短い。興味深いことに、タネを吐きだした場所は、その植物の発芽にとって都合のよい場所となっていた。たとえばヤマモモは尾根を好む樹種だが、サルがタネを吐き出した場所も尾根が多い。

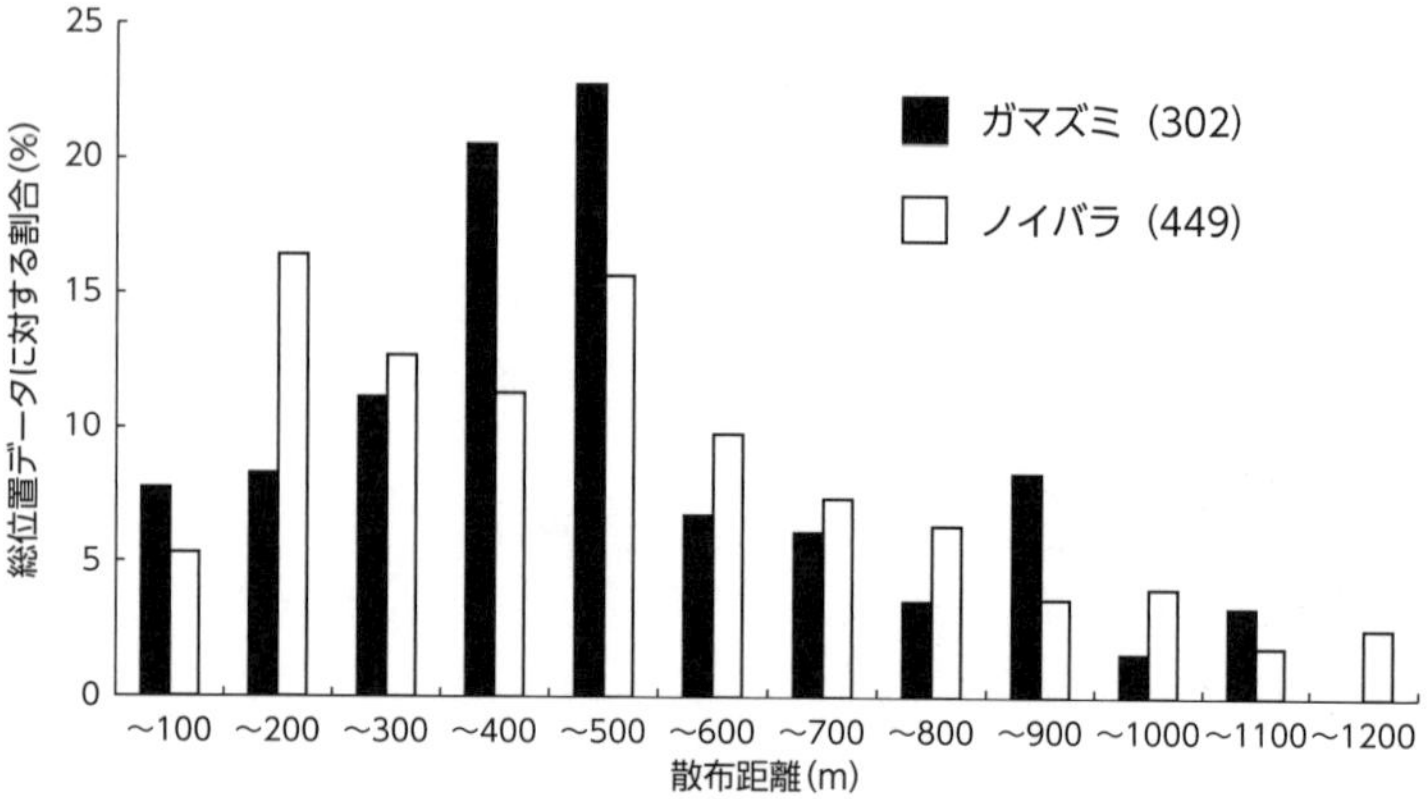

図84　金華山のサルによるタネの散布距離（m）の推定結果の頻度分布。括弧内の数字は散布距離の推定に用いられた位置データの数。

したがって、この樹種の更新に果たすサルの役割は、他の動物より大きいと考えられる。

オトナはコザルよりも多くの果実を食べる。いっぽうで、オトナの顎は頑丈だから、飲み込むまでに多くのタネを噛み割ってしまうかもしれない。もしかしたら、オトナとコザルとで一度に運ぶタネの量や質が違うかもしれない。さらに、コザルのほうがタネの腸内通過時間が短いことから、コザルの散布距離がオトナより短い可能性もある。さらに、オスとメスで食べものが異なることも知られている。こういった、散布者としての機能の群れ内の変異も、興味深いテーマだろう。

先日、自宅でポンカンを食べていたら、二歳になる娘が実と一緒にタネを飲み込んでしまった。父親としては、娘の体を心配すべきところだが、私は「この子が飲み込んだポンカンの種は、何時間後に出てくるのだろうか」などと思いを巡らせてしまった。このとき、タネは結局見つからなかったのだが、後で調べたところでは、ヒトの場合、腸内通過時間はサルとほぼ同様の、二四～四八時間だそうである。

8・7 運ばれたタネのその後

サルが散布したタネは、その後、発芽して成長できるのだろうか。これを評価するために行うのが、発芽実験だ。サルが飲み込んだタネと、果実からそのまま取り出したタネ（コントロール条件）をそれぞれプランターに撒き、発芽した種子の割合や発芽するまでの日数を条件間で比べれば、飲み込みの影響を評価できる（図85）。

図 85　発芽実験の様子。左半分が飲み込まれたタネ、右側半分は果実から取り出したタネ。

大谷達也さん（名古屋大学）は、屋久島のサルが吐き出し散布する九樹種のタネを対象に、発芽実験を行った。九種のうち五種では、散布されたタネの発芽率がコントロール条件よりも高かった。タネの表面に傷がつけられた、あるいはサルの体内を通過した影響で、発芽率がアップしたようだ。いっぽうシラタマカズラとシロダモの二種は、散布された種子の発芽率が低く、タイミンタチバナとトキワガキの二種は、サルに散布されたタネとコントロールとの間で発芽率に違いがなかった。また、半数のタネが発芽するまでにかかった日数を、サルが飲み込んだタネとコントロール条件で比較すると、九種のうち三種では散布されたタネのほうが短く、三種では逆に長くなり、残りの三種は条件間で違いがなかった。

どうやら、飲み込みがタネの発芽や発芽後の初期成長に与える影響は、タネの種類によって異なるようだ。ただし、タネの発芽は植物の一生の始まりに過ぎない。サルによる散布が植物の個体群の維持・増加に与える影響を評価するには、理想的には発芽したタネがどれくらい生き残って新たなタネをつけるのか、追跡が必要だ。これには数十年規模の時間がかかるから、これを検証した人はまだいない。

最近の研究で、霊長類の糞に含まれるタネの一部が、他の動物に捕食されることがわかってきた。熱帯地域では、散布後のタネの大部分がネズミの仲間に食べられている。おそらく、金華山のサルの糞に含まれるタネも、排泄後に食べられているはずだ。いっぽう屋久島では、サル糞に含まれるタネが、シカに食べられることが報告されている。ネズミやシカが、種子散布を邪魔しているのかもしれない。植物にとっては、せっかくタネを運んでもらっても、すぐに食べられてしまっては意味がない。

サルが運んだタネを、さらに移動させる動物もいる。それは、糞食性の甲虫類、いわゆる糞虫だ。金華山で、新鮮なサルの糞をプラスチックのコップに入れて、それを「落とし穴トラップ」として地面に埋めておくと、翌日にはたくさんの糞虫がトラップに落ちて、足をゴソゴソと動かしている（図86）。糞虫は自らが食べるため、あるいは子供の食料とするために穴を掘って糞を埋めたり、あるいは糞に穴をあけてもぐりこんだりして、タネを元の場所から動かす。

白神山地（青森県側）で糞虫類によるタネの埋め込み割合と埋め込みの深さを評価した江成広斗さん（東京農工大学）によると、糞虫類はタネの入った糞の一一〜五六パーセントを地中

図86　落とし穴トラップで採集された糞虫類。

に埋め、とくに小さなタネは地中三〇センチ近くまで埋めることもあるそうだ。地中に埋め込まれると、齧歯類による捕食を避けることができるという利益があるいっぽうで、タネが芽を出しにくくなる可能性もある。糞虫の行動がタネの発芽や成長をどの程度改善しているかについては、研究が始まったばかりだ。近い将来、興味深い事実が明らかになるだろう。

8・8 動物たちがつくる森

日本の森林には、サル以外にも多くの果実食者が暮らしている。たとえば本州にはツキノワグマのような大型獣、テンのような樹上性の中型獣、そしてキツネ、タヌキといった地上性の中型獣がいる。彼らは系統こそ食肉目だが、果実も高い割合で食べることが知られている。さらに、小型の鳥類も、果実食者として外せない存在だ。つまり、サルが食物として利用する果実に含まれるタネは、サル以外の動物にも散布されているはずだ。ここで一つの疑問が生じる。これらの動物たちの中で、サルたちはどれくらい、種子散布に貢献しているのだろうか。送粉の場合、花と昆虫の関係は特異性が高く、花の形に合わせて口吻の長さが決まっている例がよく知られている。つまり「一対一の関係」といってよい。これに対して、種子散布は動物と植物の「多対多」の関係だ（図87）。

動物が散布するタネの数（量）と、散布されたタネが生き残る確率（質）を掛け合わせた値を、種子散布効率（seed dispersal effectiveness : SDE）と呼ぶ。いろいろな動物のＳＤＥを比較したとき、ＳＤＥが高い動物ほど、よりそのタネの散布に貢献していると考える。この方法で、より重要な散布者を明らかにするというのが、種子散布研究で現在主流の方法だ。

タイのカオヤイ国立公園で、サクラの仲間 *Prunus javanica* のタネのＳＤＥを評価したキム・マッコンキーさん（ノッティンガム大学）によると、キタブタオザルにほお袋散布されたタネは、種子の発芽率こそ低いが散布個数が多く、生存が確認された実生《みしょう》の六七パーセントが、ブタオザルに散布されたものだったのだ。つまりブタオザルは、この樹種に関しては「質より量」の散布を行っているようだ。対照的に、テナガザルやサイチョウは、一度に処理するタネの数こそ少ないが、母樹から遠く離れた場所に排泄するためか実生の生存率が高く、「量より質」の散布を行っていることがわかった（図88）。つまりこの植物は、ブタオザルとテナガザル・サイチョウという散布能力が異なる二つのグループの力を借りて自らの維持、更新を行っているということになる。面白いのは、小型の鳥類やリスだ。彼らが食べた果実は全体の四五パーセントに上ったが、ほとんどのタネは母樹の下に落とされたため、散布にほとんど貢献していなかった。つまり、*Prunus javanica* にとって、彼らはお邪魔虫に過ぎないのだ。

日本では、多くの研究者の努力によって、あと一歩でＳＤＥを評価できる段階まで研究が進んでき

図 87　タイ・カオヤイ国立公園における、果実食者（左）と果実（右）の関係ネットワーク（Kitamura *et al.* 2002, *Oecologia* 133: 559-572 を改変）。右の■はそれぞれの果実種を意味する。両者は１対１の関係ではなく、多対多の関係でつながっている。

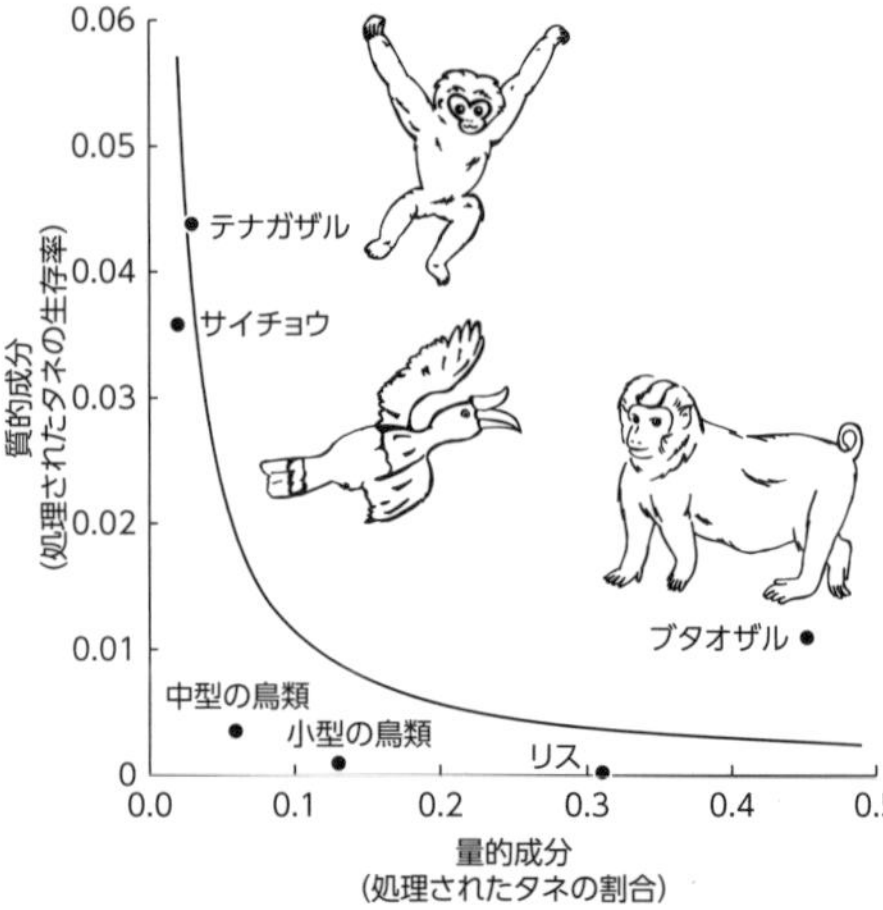

図 88　タイ・カオヤイ国立公園の果実食者による *Prunus javanica*（バラ科）の種子散布効率 (SDE) の評価 (McConkey and Brockelman 2011, *Ecology* 92: 1492-1502 を改変)。横軸は散布されたタネの量、縦軸はタネの生存率をそれぞれ表す。曲線は、すべての散布者の SDE の平均値で、この曲線より上にプロットされれば、より SDE が高いことを意味する。ブタオザルは「質より量」の、テナガザルとサイチョウは「量より質」の散布を行っている。

表 2　東京都西部の森林に生息する各果実食者の糞に含まれるタネの個数。群れ生活する動物の場合、1 個体当たりの量に個体数を乗じて全体の個数を推定した。サルはクマと並んで多くのタネを散布している。

	クマ	テン	サル	タヌキ	鳥類
社会システム	単独	単独	群れ	単独／ペア	群れ
体重（kg）	♂：40-84 ♀：28.5-43.5	♂：1.3-1.8 ♀：0.8-1.2	♂：8.5-13.5 ♀：6.3 11.7	4.1 ± 0.9	0.06-0.075
行動圏（km^2）	♂：227-285 ♀：162-248	♂：0.8-2.5 ♀：0.5-2.0	0.3-26.7	0.1-6.0	0.03
地上性（T）/ 樹上性（A）	T＞A	T＜A	T＝A	T	A
ヤマザクラ	820	47	187	116	
クマヤナギ	389		3780		
ヤマボウシ	703	98	455		
ノイチゴ類	2769	98	10465	718	
サルナシ類	10256	1339	49280	3378	
アケビ類	766	60	3430	742	
ヤマブドウ類	596	91	700	338	
カキノキ	18	9	630	32	

た。本章では、東京都西部の森林における、各動物によるタネの散布量を紹介しよう（表2）。サルは一個体当たりの散布量こそクマより少ないが、群れで活動する動物だから、全体ではクマに匹敵する量のタネを散布していると思われる。屋久島で、定点観察によってヤマモモやアコウの持ち去り量を評価したところ、こちらはいずれの樹種もサルが最も多くの果実を持ち去っていた。サルは特定の植物と強い結びつきをもつわけではないが、群れの個体の多さや、すぐれた処理能力の点から、主要な散布者であることは間違いない。

次に、タネの発芽率に果実食者による違いがあるかを比較してみる。発芽率は樹種ごとにまちまちだが、動物によって大きな差はなさそうだ。最後に、タネの散布距離について。国内の果実食者各種による種子の散布距離を比較したところ、サルの散布距離はクマやテンより短い

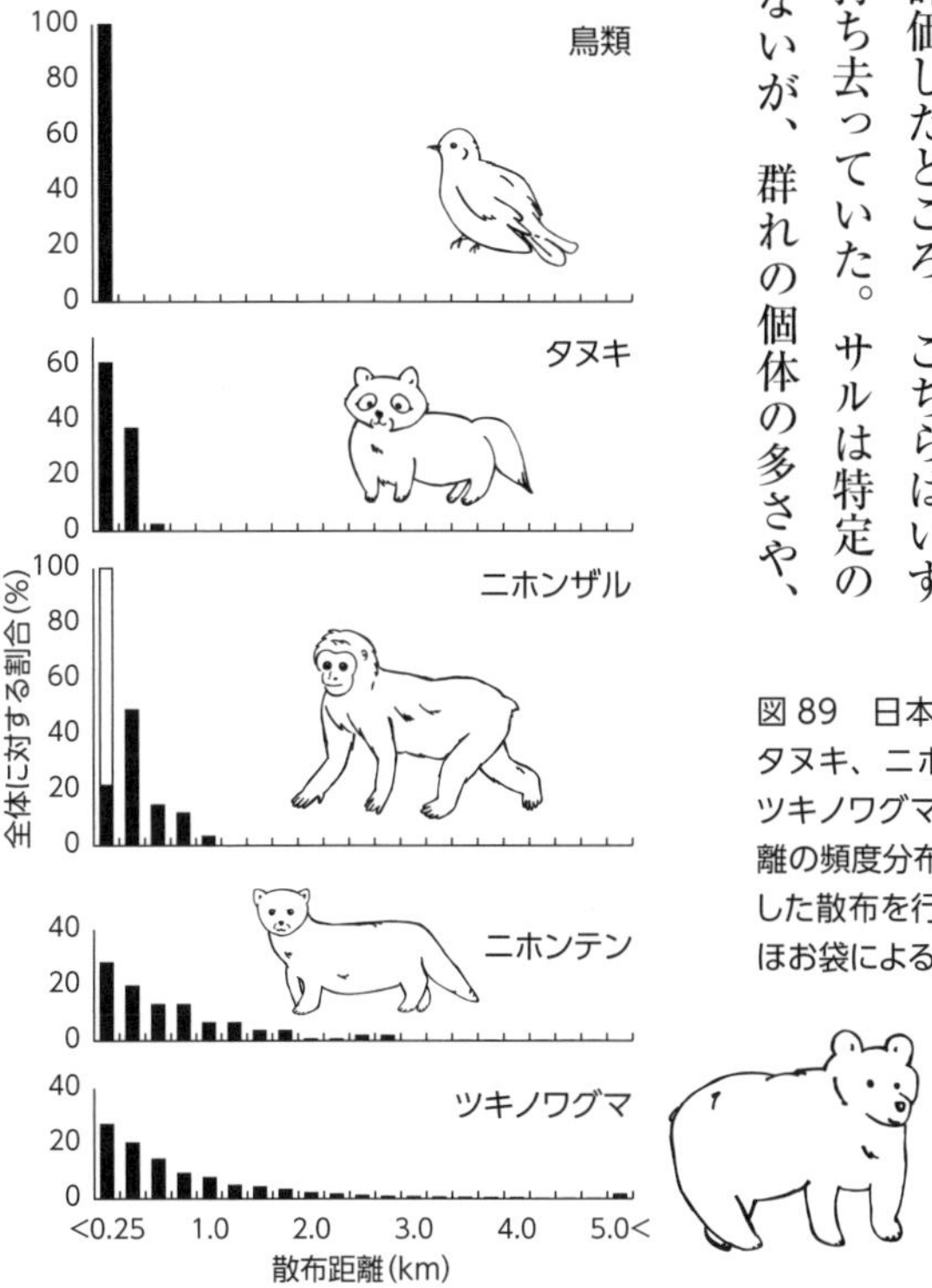

図 89　日本産の果実食者（鳥類、タヌキ、ニホンザル、ニホンテン、ツキノワグマ）によるタネの散布距離の頻度分布。サルは中距離に特化した散布を行っている。白い部分はほお袋による散布。

が、タヌキや鳥類より長く、中距離に特化した散布を行っていることがわかった（図89）。

植物は複数の動物に助けを借りて、様々な場所に自らのタネをばらまくことで、子孫を確実に残すことができる。それは、回りまわって、動物たちの生活の糧となる。つまり、森が健全に維持されるためには、これらの多様な動物の存在が欠かせない。逆に、森林環境の保全なくして多様な動物は生息できないということだ。

8・9 サルのいない森

タネを運んでくれる動物がいなくなると、その動物に依存していた植物はその環境から消失する。すると、その植物に依存して生活している他の動物の生存も危うくなる。このような、個々の生きものの結びつきが崩れることによって生じる効果は、やがてドミノ倒しのように増幅して、生態系全体に予想外の影響をもたらすかもしれない。海外では、密猟や森林伐採によって霊長類が絶滅すると、実生の種多様性が低くなり、植生が単純化したという事例が報告されている。もしサルがいなくなったら、日本の森林は一体どうなってしまうのだろうか。

屋久島の東にある種子島《たねがしま》は、戦国時代に鉄砲が伝来した地であり、現在ではロケットの発射場がある島としても有名だ。距離の近い屋久島と種子島は、植生がよく似ている。実は、種子島にはかつてサルが生息していた。狩猟や森林伐採などの理由で、一九五〇年代に絶滅したらしい。寺川眞理さん（広島大学）は、屋久島と種子島で、ヤマモモの果実を食べにやってくる動物を比較した。種子島のサルの絶滅を一種の除去実験とみなして、サルがヤマモモの種子散布サービスに与える影響を評価しようと考えたのだ。

図90が、その結果である。屋久島ではサルが大部分の果実を持ち去っていることがわかった。いっぽう種子島では、ヒヨドリが一番多くの果実を持ち去ったが、その量はサルと比べてずっと少なかった。つまり、種子島ではかつてサルが多くのタネの散布に貢献していたのに、絶滅後はその働きを代替する動物がおらず、その状態が半世紀以上も続いているのだ。現在、種子島と屋久島で森林の見た目の構造に大きな違いはないという。しかし、現在の動物相がこのまま維持されたら、散布樹種の単純化や散布パターンの単純化などにより、結果として一〇〇年後、二〇〇年後の森林の姿は、二つの島で大きく違っているかもしれない。

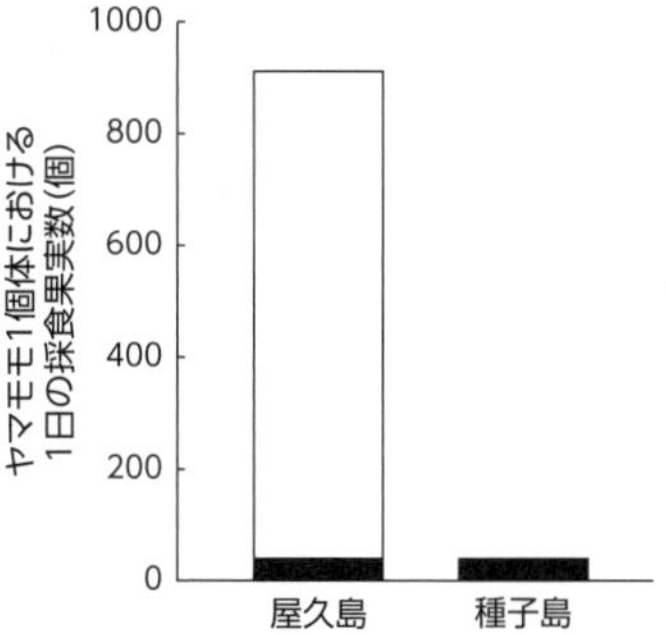

図90　野生動物によるヤマモモ(*Morella rubra*、ヤマモモ科) 果実の持ち去り量の、屋久島と種子島での比較結果（寺川ら 2008, 保全生態学研究 13: 161-167 を改変）。白い部分はサル、黒い部分は鳥類による持ち去り量を意味する。

東北地方では、明治時代にサルが乱獲されて個体数が激減した。最近こそ回復傾向にあるが、多くの地域では、サルがいない森林が一〇〇年近く続いたことになる。先ほど登場した、江成さんの研究グループがこの地域で糞虫の構成を調べたところ、サルが不在の森や最近サルが新たに進出した森では、糞虫の種多様性が著しく低いことがわかった。つまり、サルの消失は、サルに依存して生活する動物相に、そして植物の適応度に影響し、最終的には森林の構成を変える可能性がある。その検証には気の遠くなるような時間が必要で、とても一人の研究者の手に負える仕事ではない。長期的な視点に立った、継続的な調査が必要だろう。

猿蟹合戦のサルは、カニが育てたカキの実をむさぼり食う悪役だが、野生のサルたちは植物のタネをばらまいて豊かな森林を育てているのだ。サルを含めた動物たちが森づくりに果たす役割を、私たちはもっと正しく評価すべきではないだろうか。

七年目の「浮気」

ポスドク時代の職場、麻布大学は、神奈川県の相模原市にあった。バイクで一時間も走れば、東京都西部のサルが生息する森に出る。そこで私は、ポスドクの一年間は東京郊外でサルの研究をしようと考えた。サルがよく出るといううわさを聞いて、八王子市とあきる野市の境界にある、盆堀《ぼんぼり》という地区を拠点に調査を始めた。二〇〇七年五月のことだった。ところが何ということだ。何度足を運んでもサルには会えず、拾えるのは、鉛筆のような細長い糞ばかりで、気がついたら五〇〇個くらいの糞が集まった。いっぽうサルの糞は、一年間通ってもわずか五〇個あまりしか集めることができなかった。たくさん拾った糞は、食肉類のニホンテン（テン）のものだった（図91a）。このまま捨ててしまうのもなんだかもったいない。「じゃあ、この糞を使って研究しよう!」全くの思い付きで始めた研究であったが、実はその後、テンは食肉類でありながらサルと並んで果実への依存度が高く、種子散布者として重要な役割を果たしていることがわかってきた。サルとテン、どちらがより種子散布に貢献しているのかを評価することが、現在の主要な研究テーマになっている。

私の浮気癖は、その後も続いている。インドネシアでは、リーフモンキーの調査中に出会ったマレーヒヨケザルの調査を始めた(図91 b)。両者は同所的に生息しているが、どちらも葉を好んで食べる。同じ食性の両者がいかにすみ分けているのかを明らかにすることが、インドネシアでの研究のテーマだ。

どんな動物も、研究し出すとそれぞれに魅力があって面白い。さらに、サルの研究者の視点でアプローチすることで、既存の研究にない、独自の世界を築くことができるのだ。研究上の浮気なら、たまにはしたほうがいいのかもしれない。

図 91　私の「浮気」相手。a) ニホンテン（*Martes melampus*）と b) マレーヒヨケザル（*Galeopterus variegatus*）。

任期なしポストへの道

私たち研究者は、博士号を取得後に、大学や研究所に所属して研究を続ける。ただ、いきなりパーマネント（任期なしの終身雇用）の職につける者はごくわずかだから、多くの若手はあるプロジェクトのために雇われる任期付きの研究員や助教として働き、経験と実績を積んでからパーマネント職を目指すことになる。

問題は、若手の受け皿となる常勤ポストが、年々減り続けていることだ。国立大学や国立の研究所の場合、二〇〇四年に独立行政法人に移行したのを機に、国からの研究費の配分が年々減っており、多くの機関は若手のポストを減らすことで対応している。任期なしのポストは減り続け、教員としての最初のステップである助教のポストも、今や任期付きがほとんど。私立大学にしても、一般教養科目の担当教員を減らし、非常勤の講師――聞こえはいいが、要するにアルバイトだ――を増やして講義を任せるところが多くなっている。若手研究者は、任期内に成果を出して、任期なしの職につこうと必死だから、どうしても確実に結果の出せる、手堅いテーマを選びがちだ。また、成果を求められるプレッシャーから研究不正に走る者もいる。

このような状況で、博士課程に進学希望の大学院生は減る傾向にあるという。先輩が就職に苦労している姿を見ていれば、同じ道に進むのをためらうのは当然だ。私の所属していた霊長類研究所では、外国人を積極的に受け入れていることもあり、彼らが構成員の半分以上を占める学年さえあった。こんな状況が長期にわたって続けば、今後わが国の霊長類研究を引っ張る日本人研究者は、消滅してしまうかもしれない。絶滅が心配される霊長類の研究者がむしろ絶滅寸前とは、皮肉な話だ。

関連して、私が気になっているのが、最近の研究は、短期的な調査の結果を過度に一般化し、それで調査対象のことをわかったつもりになる傾向が強い、ということだ。この傾向があまりに強まると、たとえば理論研究で誤った結論を導いてしまう、応用研究では希少種の保全戦略を立てる際にピント外れの施策を提言してしまう、という危険がある。短期調査にはまた、いつやってくるかわからない、しかし生態学的に重要なイベントを見逃すというリスクもある。

長期調査の重要性は多くの研究者が理解するところだが、現状では基礎研究は「役に立たない」とみなされがちで、研究資金を集めにくい。近年の研究者は、研究費の削減や研究費獲得競争の影響で、二年とか三年という短期間で確実に「役に立つ」成果を出すことを、強く求められているからだ。

研究活動は楽しいが、研究者を取り巻く状況は厳しい。しかし、その負担を、研究の第一線を担う若手に一方的に押し付ける現在のシステムで、ここまで紹介してきたような、地道な労力が必要とされる基礎研究を継続できるのだろうか。若い世代が希望をもって研究を続けられる日本、そして、彼らの努力が正当に評価されるアカデミアであってほしいと思う。

9章　ところ変われば暮らしも変わる

9・1　新たな展開

二〇〇九年二月、前年に行われた公募の結果、私は京都大学霊長類研究所に助教として採用された。任期付きとはいえ、夢にまで見た常勤職につくことができ、私は心から嬉しかった。これからサルの研究をどう進めていこうかと考えていた二〇一〇年、京都で国際霊長類学会（IPS）が開催された。このとき、半谷吾郎さん（京都大学）と、シリル・グルターさん（マックスプランク進化人類学研究所）が声をかけてくださり、私は学会期間中に開催される「温帯の霊長類の生態適応」と題したシンポジウムに、企画者として名前を加えてもらえることになった。

シンポジウム当日には、世界各国から数十名の参加者があった。実は、私はそれまで国際学会に参加した経験がほとんどなく、また英語の聞き取りが大の苦手だ。世話役には、出席者の議論を促すという役割があるのだが、情けないことに、私は緊張のあまり下痢になり、ディスカッションの最中にトイレに駆け込んでしまった。当日はあまり役に立たなかったとはいえ、このイベントを通じて海外の研究者と交流できたのは、私にとって貴重な経験だった。

国際学会が終わると、シンポジウムの内容をベースに雑誌の特集号を組むことになり、私たちは手分けして論文の取りまとめを行った。私の担当は、マカク類の食べものに関するレビューだ。各地のマカク類の食べものと環境との関連を分析しようと考えた。

自分自身のデータだけではなく、すでに公表されている資料を統合し、一般性を探る手法をメタ解析という。信頼性の高い解析をするためには資料をたくさん集める必要があるが、これはなかなか大変な作業だ。学術論文なら、ネット上で電子版をダウンロードできるのだが、地方の雑誌の報告や自治体の報告書の多くは冊子体の形でしか残っていないため、よその大学の図書館に複写をお願いする必要がある。海外の大学の博士論文、単行本などの資料は、著者にメールを書いて送ってもらったり、東京・神田の古本街に出かけたりして手に入れた（図92）。私はこれを、フィールドワークならぬ「ライブラリワーク」と呼んでいる。

マカク類各種の系統関係を考慮したうえで、生息地の地理的要因（緯度・標高）、物理的要因（平均気温・気温の季節変動・年間降水量）との関係を調べたところ、熱帯産のマカク類（カニクイザルなど）は、ほぼ果実と昆虫類だけを食べるのに対して、ニホンザルは、葉・樹皮・キノコなど、多様なものを食べていた（図

図92　東京・神田の古書店。私の重要な「調査地」の一つだ。

93）。さらに、ニホンザルは熱帯産のマカク類に比べて果実と葉を食べる割合が、季節的に大きく変化した。

温帯地域は熱帯地域に比べて果実の生産性が低く、また果実の利用できる時期も短い。したがって、サルは果実の欠乏期にそれ以外の食べものを利用せざるを得ないのだ。

9・2　サルの食べものと暮らしの地域差

マカク類の中でのニホンザルの位置づけを明らかにした私は、次に彼らの食べものの地域変異に興味がわいてきた。私は長らく金華山のサルの食べものを調べてきたが、サルは海岸から高山、そして暖温帯から冷温帯までと様々な環境で暮らす動物だ（2章）。したがって、金華山のデータだけでサルを代表させるのは無理がある。そこで、全国のサルの食べものに関する資料を集めて分析

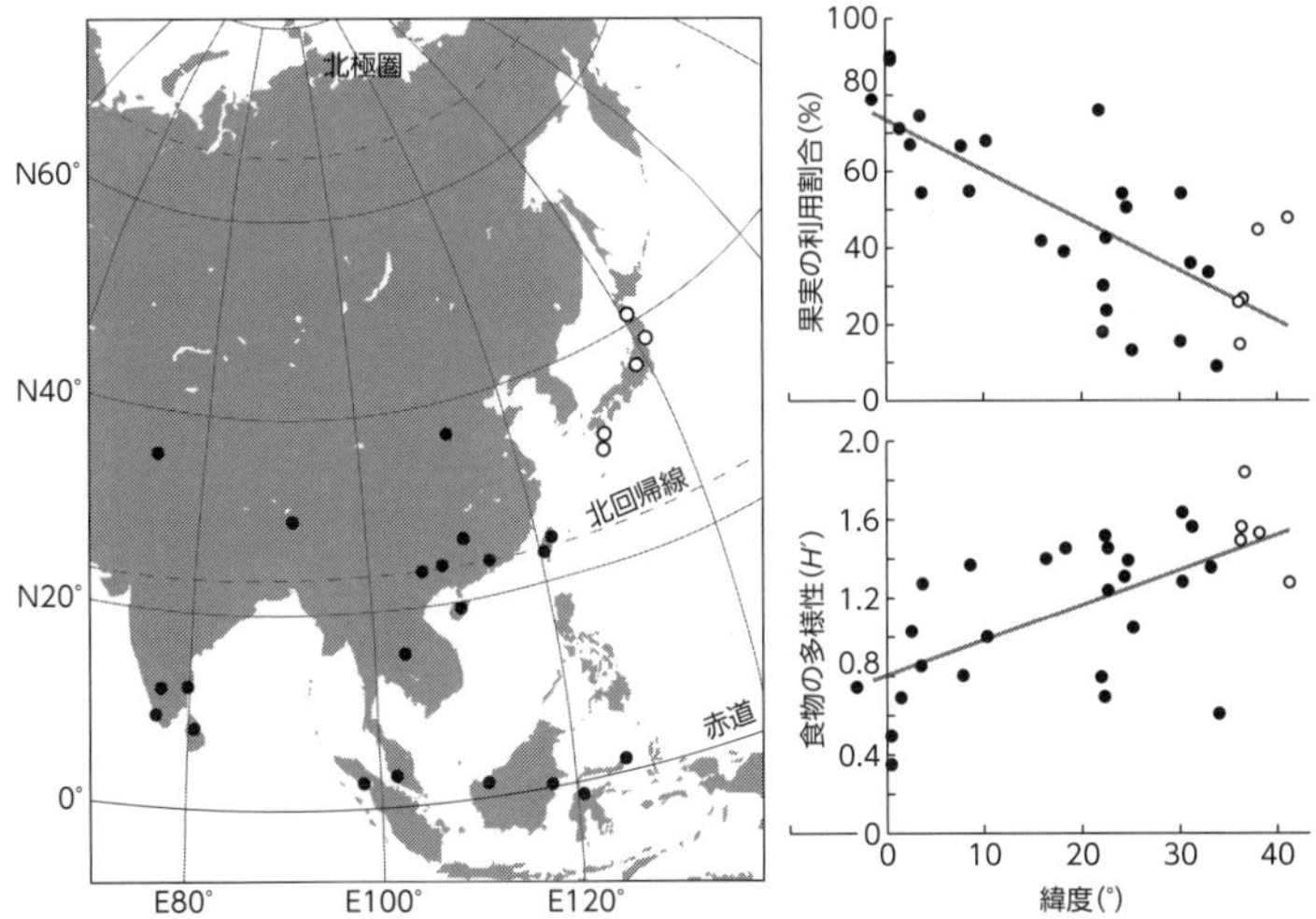

図 93　世界各地のマカク類の果実の利用割合（上）と、食物の多様性（*H′*）（下）。それぞれの点は一つの調査地を表している。サル（ニホンザル、白丸）の果実食の割合の低さ、そして食物の多様性の高さは際立っている。

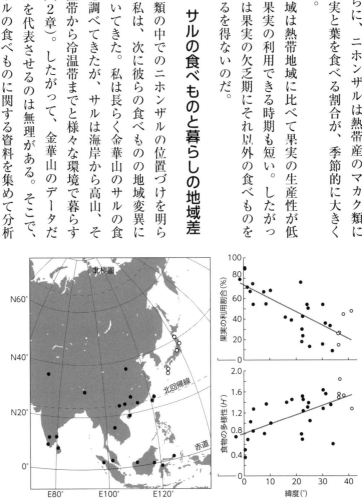

し、その地域性を検討しようと考えた。わが国のサルの研究の歴史は七〇年を超えるから、その間に公表された資料は、食べものに関連するものに限っても膨大な数にのぼる。大学の図書室のスタッフや先輩研究者に協力いただき、三年間にわたって資料を収集・整理した。

調査の結果、全国のサルは、四五一種の木本植物、四六〇種の草本類など、一〇〇〇種を超える動植物を食べものとして利用していることがわかった（表3）。集めた資料の中で、サルの食べものが定量的に評価されている一〇地域のデータを使い、食べものの構成の月変化をまとめたのが、図94だ。この図からは、下北半島や志賀高原では冬に樹皮を多く食べるのに対して、屋久島や幸島では同時期に葉を多く食べるなど、食べものの構成が地域によってかなり違うことがわかる。同じ屋久島の中でも、標高の高い場所では葉食の、海岸林では果実食の傾向が強いという違いがある。いったい何が、食べものの地域差をもたらしているのだろうか。

	採食部位							計
	幹／茎	シュート	虫こぶ	樹液	根※	球根	蜜	
	134 (9.5)	53 (3.7)	7 (0.5)	11 (0.8)	22 (1.6)	0 (0.0)	3 (0.2)	1415 (100.0)
	223 (23.3)	11 (1.2)	0 (0.0)	0 (0.0)	59 (6.2)	3 (0.3)	0 (0.0)	956 (100.0)
	9 (25.7)	1 (2.9)	0 (0.0)	- -	2 (5.7)	- -	- -	35 (100.0)
	-	-	-	-	-	-	-	
	-	-	-	-	-	-	-	
	-	-	-	-	-	-	-	
	-	-	-	-	-	-	-	
	-	-	-	-	-	-	-	
	366 (13.5)	65 (2.4)	7 (0.3)	11 (0.4)	83 (3.0)	3 (0.2)	3 (0.1)	2406 (100.0)

この疑問に答えるため、私は先輩の伊藤健彦さん（鳥取大学）らと協力して、文献から抽出したサルの主要な食べもの（果実・種子、葉、樹皮・冬芽の三つ）の割合と、それぞれの調査地の環境要因（降水量・気温・積雪・森林の生産性）の関連性を調べることにした。解析の結果、森林の生産性の高い場所と雪の少ない地域では果実・種子が食物に占める割合が高く、雪が多い地域では樹皮・冬芽が食物に占める割合が高かった（図95）。つまり、各地のサルの食べものは「冬の厳しさ」と「森の豊かさ」の二つで特徴づけられていたのだ。

サルたちは、約四〇～五〇万年前（中期更新世）に朝鮮半島を経由して日本にやってきたと考えられている（2章）。その後の最終氷期、サルの分布はいったん南に押し込まれたらしいが、その後一万二千～一万三千年前から温暖化が進み、温帯林が北上すると、サルたちはそれを追いかける形で分布を再び北へと広げたようだ。この時期、日本周辺で大きな環境変化が生じている。それまで内海

表3　サルが食べものとして利用する品目と採食部位。

食物品目	記載種数	採食部位				
		葉	花	果実・種子	芽	樹皮／表皮
木本植物	451	318 (22.5)	142 (10.0)	319 (22.5)	194 (13.7)	212 (15.0)
草本類	460	303 (31.7)	119 (12.4)	174 (18.2)	57 (6.0)	5 (0.5)
シダ類	30	23 (65.7)	- -	- -	- -	- -
キノコ類	61	-	-	-	-	-
コケ類	3	-	-	-	-	-
海藻類	11	-	-	-	-	-
動物類	136	-	-	-	-	-
無機物	2	-	-	-	-	-
計	1154	644 (23.7)	261 (9.6)	493 (18.2)	251 (9.5)	217 (8.0)

括弧内の数値は各食物品目の割合（%）を示す。　※シダ類の場合は地下茎。

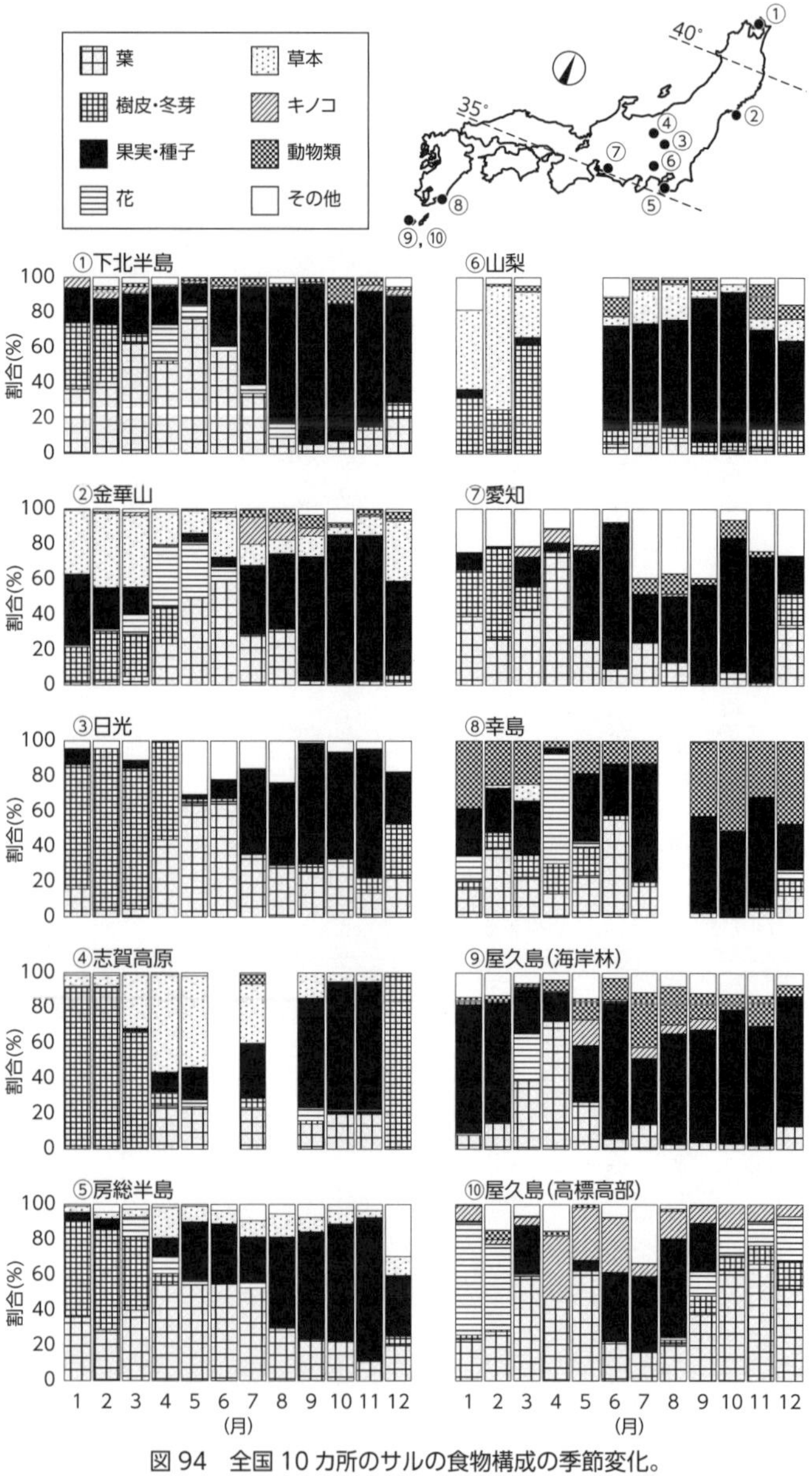

図 94　全国 10 カ所のサルの食物構成の季節変化。

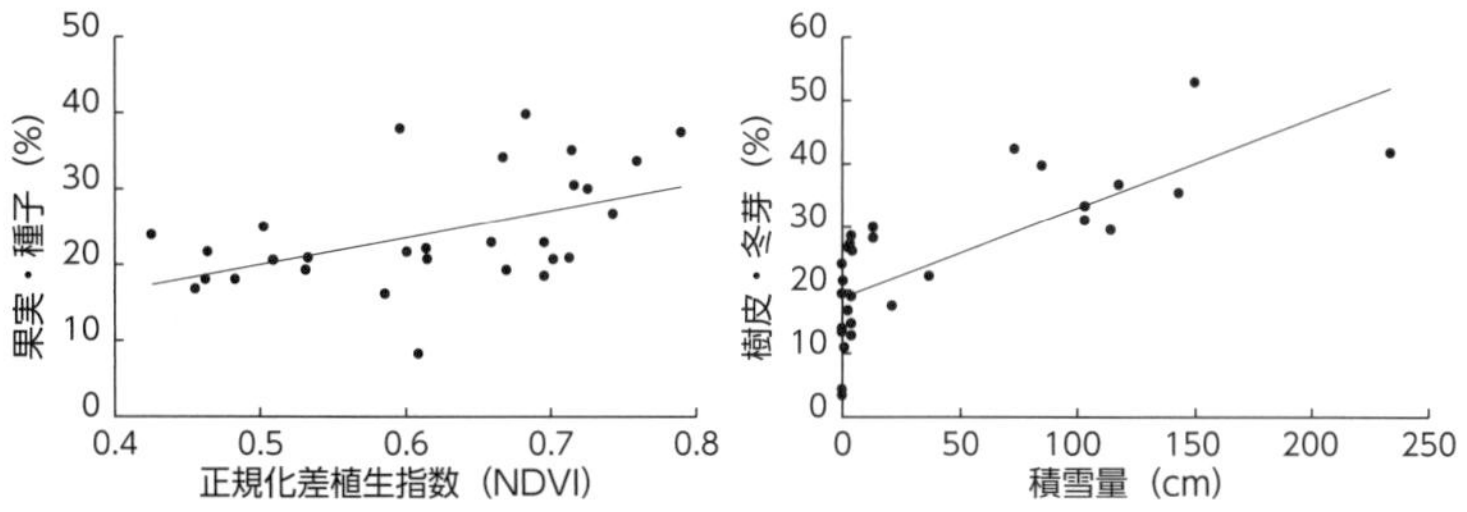

図95　サルの食べものと環境要因の関係。左図は森林生産量（正規化差植生指数［NDVI］を指標とした）と果実・種子の採食割合の関係、右図は積雪量と樹皮・冬芽の採食割合の関係を示す。森林生産量が大きいほど果実・種子の割合が大きく、積雪量が多いほど樹皮・冬芽の割合が大きい。なお、正規化差植生指数（NDVI）とは、植物の緑葉が赤色等の可視光を吸収し、近赤外領域の光を強く反射する性質を利用して、衛星データをもとに植物の量や活力を表した指標。簡易な計算式により求められる。NDVIの値が大きいほど植生が多く、森林の生産性が高いことを示す。

だった日本海に暖かい対馬海流が流れ込み、日本海が成立したのだ。日本海に入った暖かい海水はシベリアからの寒気で冷やされて、日本海側に大雪をもたらすようになった（図96）。これらの地域では、地上の食べものが雪で覆い尽くされてしまうから、サルたちは深刻な食糧不足に直面したはずだ。そんな彼らが新たに見いだした食べものが、雪の上に残る高木の樹皮と冬芽だったのだ。樹皮や冬芽には繊維分が多く含まれるから、高い繊維消化能力の獲得が促されただろうし、またエネルギーの消耗を抑える省エネ戦略を獲得することになったのだろう。中国北部やパキスタンなど、高緯度地域に生息する他のマカク類でも、サルと同じような行動特性が見られることが知られており、過酷な環境への生態適応は、何度か独立に生じたと推測される。

生息環境の違いは、食べもの以外にも影響を与える。たとえば、冷温帯の落葉広葉樹林にすむサルは、暖温帯の常緑広葉樹林に暮らすサルよりも食べものを求めて広い範囲を動き回るため、行動圏が大きくなる（図97）。群れ間の競争の程度にも、地域差がある。北の金華山と南の屋久島でサルの群れ間の争いを比べたところ、金華山のほうが、競争の頻度が低く、その内容も比較的穏やかだった。これらの違いが、食物環境の差に由来するのは明らかだ。

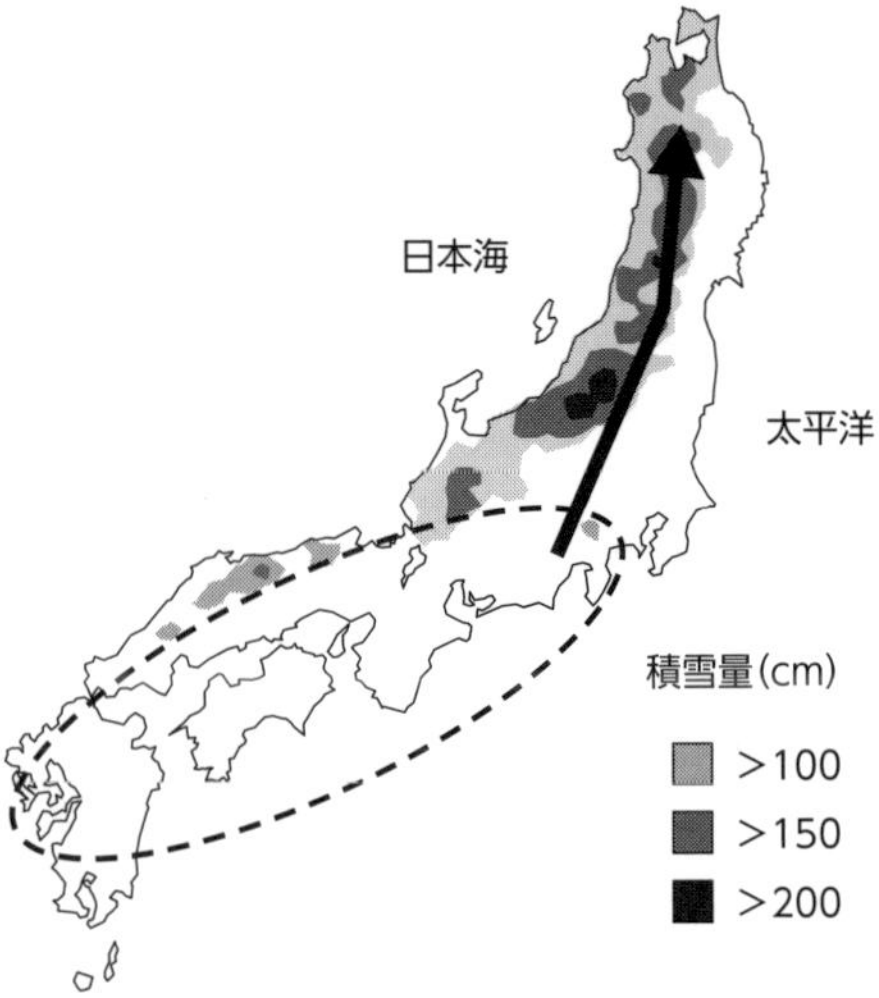

図 96　中期更新世以降の日本の気候の長期的な変化と、サルの分布拡大の想像図。点で囲まれた範囲は、それ以前にサルが分布していたと考えられる地域。

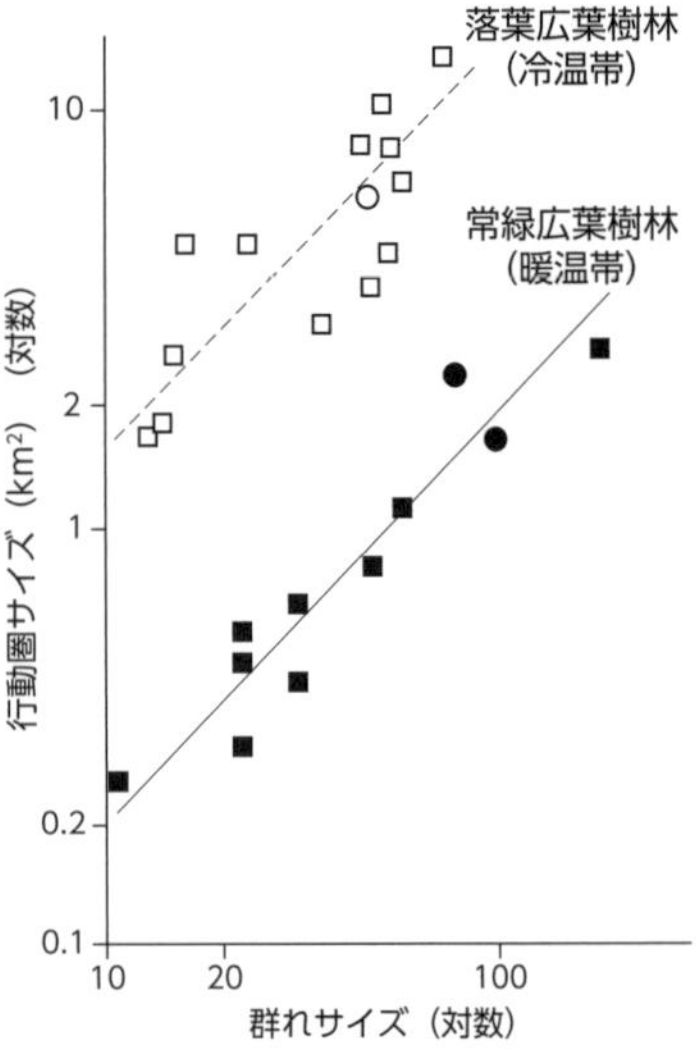

図 97　群れの大きさと行動圏の関係（Takasaki 1981、*Behav. Ecol. Sociobiol.* 9: 277-281 を改変）。縦軸、横軸ともに対数表示であることに注意。群れサイズが大きくなるとその分多くの食物が必要となり、行動圏が増えるという関係があるが、個体ごとに増加する行動圏面積は、冷温帯のほうが一桁大きい。つまり冷温帯のサルはより大きな行動圏を必要とする。

9・3　海鮮好きのサル

金華山では、夏や晩冬に、サルたちが海岸に下りてゆくことがある。海岸に到着すると、サルたちは打ち寄せる波を気にしつつ、岩を飛び移り、磯をのぞき込む。それから岩に歯を立てて何かをはぎ取ろうとする。手を磯に突っ込んでかき回す個体もいる（図98）。

サルが顔を上げると、口に何か黒いものをくわえている。どうやら巻貝のようだ。貝を口に入れてしばらくモグモグすると、やがて口から殻だけ吐き出す。別のサルは、大きな海藻を口にくわえると、波を避けるためか磯から離れた場所に持っていってから食べ始める。そう、この島のサルには、海産物を日常的に食べるという、変わった習性があるのだ。面白いことに、サルが海産物を利用するのは、引き潮の時間帯が多かった。サルたちは、自分たちのいる場所から海岸までの距離と現在の時間を考慮して、いつ海岸に向かうべきかを判断しているらしい。

海岸までわざわざ食べに行くのだから、海産物は、それなりに栄養価が高いはずだと予想して、栄養分析をしてみた。海産物は、単位重量当たりのタンパク質含有量こそ高かったものの、脂肪含有量やカロリー含有量は植物のそれより低く、特別にすぐれた食べものというわけではない。ただ、海藻や貝は磯に豊富に存在するから、たくさん食べればそれなりに多くの栄養分を獲得できるだろう。

いっぽう宮崎県の幸島では、ときどきサルが生の魚を食べる（図99）。元は浜辺に流れ着いた魚を食べたのが始まりのようだが、釣り人が捨てた魚も食べるという。幸島で実習をしていたとき、学生が、釣り上げたばかりのキスをサルに強奪されてしまったことがある。幸島のサルたちは、魚がごちそうだということを理解しているようだ。

海沿いで暮らすサルたちは他の地域にもいる。しかし、他の地域では海産物の利用はほとんど報告がない。4章で述べたとおり、サルにとって夏や晩冬は、山の食べものが不足する季節だが、本土に比べてサルの生息密度が高い金華山や幸島では、食物不足がより鮮明になる。これらの島のサルは、食物の欠乏期に海産物を食べものに取り込むことによって、自らの栄養不足を補うようになったのだろう。

図 98　海藻を食べる金華山のサル。

図 99　魚（ウマヅラハギと思われる）を食べる幸島のサル。

9・4 食文化？

葉・果実など「植物のどこの部分を食べるのか」という、部位レベルでのサルの食べものの地域差は主に森林の生産性で決まることがわかった。しかし、サルの食べものの地域差には、それだけでは説明できないものがある。それは「何を食べるか」という、品目レベルの地域差だ。たとえば、金華山のサルはサンショウの葉を主要な食べものとするが、この品目の利用は、金華山以外の調査地ではほとんど記録がない。いっぽう、ブナの葉は冷温帯の多くの地域で主要な食べものになっているのに対して、金華山のサルはほとんど食べない。この島にはブナの木がたくさん生えているにもかかわらずだ。

ここでふと想像するのが、こういった「何を食べるのか」という小さな違いは、それぞれの場所のサルの食習慣、もっと踏み込んで言うなら食文化によるものなのではないかということだ。

ヒトの食習慣が、その生活環境と関係していることは、しばしば指摘されている。たとえば東アジア・東南アジアの人々がコメを主食とするのに対し、西・中央アジアやヨーロッパ人の多くはコムギを主食とする。この食習慣の違いには、二つの地域の気候が大きく関係している。比較的温暖で降水量が多い東・東南アジアでは、その生育により多くの水を必要とするイネが豊富に収穫できたから、この地域ではコメを生活基盤とする文化が自然に根付いたのだ。

より小さなスケール、たとえば私たち日本人の食習慣の地域差も、同じように環境要因で説明できる。現代こそ保存技術や物流が発達し、国内はもとより世界各地のいろいろな食材を新鮮な状態で入手できるようになったが、つい半世紀前には、水揚げされた魚や収穫された農産物をその日のうちに遠くに輸送することなど不可能だった。ゆえに、手に入る食材は、その地域の環境と結びつくことになる。たとえば低地ではコメが、山岳地帯ではソバやヒエなどの雑穀類が主食になるし、海産物については、日本海側ではサバやブリが、太平洋側ではイワシ・アジ・カツオが豊富に獲れるから、それぞれの地域では、当然これらの魚種が食卓にならぶ。その食材をおいしく食べる調理法や味付け、そして保存技術が、言葉や書物を介して世代を超えて受け継がれ、今日見られる食文化として定着したのだろう。

では、霊長類ではどうだろうか。チンパンジーは、道具を使ってアリを捕まえることで有名だ。細長い枝をアリ塚に突っ込み、枝にかみついてきたアリを引き抜いて食べるのだ。実は、アリを食べるか否かだけでなく、道具の内容にも地域差がある。ギニアのボッソウでは、三〇センチほどの短い棒を使うが、コートジボアールのタイ森林では枝は使わずに手で食べる。中央アフリカのチンパンジーは、枝ではなく掘り棒を使う。タンザニア・マハレのチンパンジーはオオアリやシリアゲアリなどを食べるが、わずか一三〇キロメートルしか離れていないゴンベではこれらを食べることはない。これらの地域差の一部は、食べものとなるアリの生息や、土壌の硬さの地域差で説明できるが、それだけでは説明できない部分もある。チンパンジーの研究者は、ある個体がアリを食べた経験が他の個体に伝播し、一種の文化として伝わったと説明する。サルで見られる「何を食べるか」の地域差も食文化とみなすべきなのだろうか。

9・5　食生活を決めるもの

最近、サルの食べものの品目レベルの地域差を生み出す要因の一つが、遺伝子にあることが明らかになった。橋戸（鈴木）南美さん（京都大学）が、サルの味覚に関する遺伝子を調べたところ、和歌山県の一部の地域に、カンキツ類やアブラナ科の野菜の苦味を感じない変異遺伝子をもつ個体がいることがわかったのだ。苦味に対する感覚は、植物中の有毒性分から身を守るために備わっているもので、ほとんどのサルもこの苦味を感じる。苦味を感じない遺伝子は早くて一万三千年前に出現し、それ以降急速にこの地域に広がったらしい。この急激な増加は偶然には起きにくいため、何か適応的な意義があったと考えられる。

私は一瞬、「和歌山県がミカンの産地だから、ミカンを食べるのに都合のいい遺伝子が集団に広がったのでは？」などと考えてしまったが、この県でミカン栽培が始まってからまだ四〇〇年余りしかたっていないそうだから、それは違うだろう。残念ながら、この地域でサルの食べものの資料は得られていないが、サルの食性の地域差が、こういった遺伝学的な要因で決まっているのだとしたら面白い。

品目レベルの食べものの地域差は、サルの腸内に生息する細菌叢《そう》の違いによってもたらされているかもしれない。最近、腸内細菌の構成には環境によって大きな変異があり、この違いがそれぞれの環境で動物が消化できる食べものを決める（つまり好みに影響する）という証拠が、次々に出されている。腸内細菌の主なエネルギー源は、食物繊維だ。腸内細菌は、食物繊維を分解してエネルギーにする際、副産物として健康に寄与する物質をつくり出す。たとえば肉食の傾向が強い欧米人の腸内には、日和見菌である *Bacteroides* 属の細菌が多く、穀物と海産物を多く摂取する日本人の腸内には *Bifidobacterium* 属と *Ruminococcus* 属の細菌が多いそうだ。前者はいわゆるビフィズス菌で、糖分を分解して乳酸をつくる。後者は植物繊維の分解が得意な菌だ。つまり、腸内細菌の構成とヒトの食習慣はリンクしているらしいのだ。腸は単なる消化・吸収器官ではなく、神経を介して脳とつながっていることや、腸がホルモンを通じて他の器官と情報のやり取りをしていることなども、最近の研究で明らかになっている。私たちは「食べる・食べない」の判断を自らの意思で行っていると思い込んでいるが、ひょっとしたら私たちは、腸内細菌が発するシグナルに操られ、彼らが消化しやすいものを「食べさせられて」いるのかもしれないのだ。

このように、サルの食べものの地域差は「葉や果実をそれぞれどれくらいの割合で食べるか」という部位レベルでは環境要因の違いでかなり説明できるが、「何を食べるか」というレベルでは、まだはっきりしたことがわかっていないのが現状だ。私は、食べものの変異＝文化と結論する前に、他の要因を徹底的に考慮すべきだと思っている。たとえば、その食べものが、調査対象地域にそもそも生育しているのか、生育しているとしたら、その量や栄養価は他地域よりも多いのか、あるいはその地域のサルの遺伝子や腸内細菌はどうなっているのか、といったデータを蓄積する必要があるだろう。

調査中の事故と病気

トゲだらけの植物が生えている森林や岩がごろごろしている場所でサルを追いかけるわけだから、金華山での調査中に生傷は絶えない。これに加えて、調査中にヒヤっとしたことは何度かある。サルを追いかけて崖を登っていたとき、岩に手をかけたすぐそばに、毒ヘビのマムシがとぐろをまいていた。思わず「ひゃあっ！」と悲鳴を上げてしまった。手をつく位置がずれていたら、きっと噛まれていただろう。

別の年には、追跡中、一頭のサルがつまずいたはずみで、斜面から砲丸大の岩が転がって、私の肩を強打した。頭でなかったのが幸いだったが、痛いのなんの。サルに殺されてはかなわない。

種子トラップの中身を回収していたとき、運の悪いことに、トラップの近くでキイロスズメバチが巣をつくっており、一〇匹くらいの集団が突然襲いかかってきた。「うわぁ！」パニックになった私は走って逃げたが、あいにく二～三匹に後頭部を刺されてしまい、そこは大きく腫れ上がった。アナフィラキシーショックで病院に担ぎ込まれた同僚もいるくらいで、ハチ刺されは命にかかわる問題だ。この事故以降、私は毒の吸い出し器を携帯するようになった。

金華山で大きな病気になったことはないが、海外での調査中は、これまでに二回、病気で入院したことがある。一回目は、コンゴでの調査から戻ってから発症した熱帯熱マラリア（蚊が媒介する感染症）だ。ボノボの調査で二カ月ほど過ごした奥地の村では、蚊に気を付けて毎日予防薬を飲み、蚊帳をつって寝ていたのだが、帰国前に立ち寄った首都キンシャサで気が緩んだのだろう、裸で寝ていて刺されたらしい。体が凍えるほど寒くてブルブル震え、自宅で数日寝込んでいたのだが、教授の車で病院に急行、即入院。「あと数日遅かったら命が危なかったよ」と医師に言われてゾッとした。二回目は、インドネシアでかかったチフス（サルモネラ菌が原因で高熱が出る、一種の食中毒）だ。調査の合間に立ち寄った屋台の料理にあたったらしく、高熱と全身の筋肉痛で立ち上がれなくなってしまった。アシスタントに病院に担ぎ込まれ、また入院。一週間ほど、私はベッドで寝たきり生活を送った。

経験上、トラブルはたいてい、注意力が散漫になったときに起きる。そういえばウガンダ調査の際、三カ月間の調査が終わって気が抜けたのか、パスポートの入ったスーツケースをタクシーに置き忘れたこともあった。調査中は、最後の最後まで気を抜かないことが大切だ。

10章　私たちとサル

10・1　日本人とサルの長い付き合い

日本人にとって、サルは身近な存在だ。古くは縄文時代や古墳時代の遺跡から、サルをモチーフにした土偶や埴輪が出土する。これらの人形は、安産のお守りとして使われていたらしい。安産といえば、飛騨高山の民芸品「サルボボ」も、サルのアカンボウがモチーフだ（図100a）。

サルは民話の登場人物、あるいは美術品の題材としても人気がある。「桃太郎」や「猿蟹合戦」など、サルが出てくる昔話は日本人なら誰でも知っているし、日本最古のマンガとして知られる「鳥獣戯画」にもサルが登場する（図100b）。サルはコミカルな一面をもつ、憎めないキャラクターとして描かれることが多い。日光東照宮の「見ざる・聞かざる・言わざる」は有名だ（図101）。この三猿が、境内にある厩《うまや》に彫られているのはご存じだろうか。昔から、厩にサルをつないでおくとウマが健康に育つとされ、東照宮の彫刻も、この風習と関係する。私個人は、サルといえばテレビＣＭのキャラクターのイメージが強い。小学生の頃、サルがポータブルカセットプレーヤーを聞いてうっとりしているＣＭがあった。

このように、私たちはサルに親しみをもっている。ただ、彼らに対するまなざしは、たとえばパンダヤコアラに対するそれとは若干異なる。「サル真似」「サル知恵」という言葉を、褒め言葉として受け取る人はいないし、「サルにラッキョウを与えるとなくなるまで皮を剥き続ける」という小話もある（じっさいには、サルはラッキョウの皮をむかずに全部食べる）。私たちはサルのことを「ずる賢いヤツ」「かわいいけど野暮ったいヤツ」など、何となく軽く見ているのではなかろうか。私たちに近い存在であるがゆえに「人間はサルとは違う」という競争意識が、知らず知らずのうちに複雑な感情を抱かせるのかもしれない。

サルには、食料品・薬としての一面もある。サルはもともと狩猟獣であり、その肉は重宝されてい

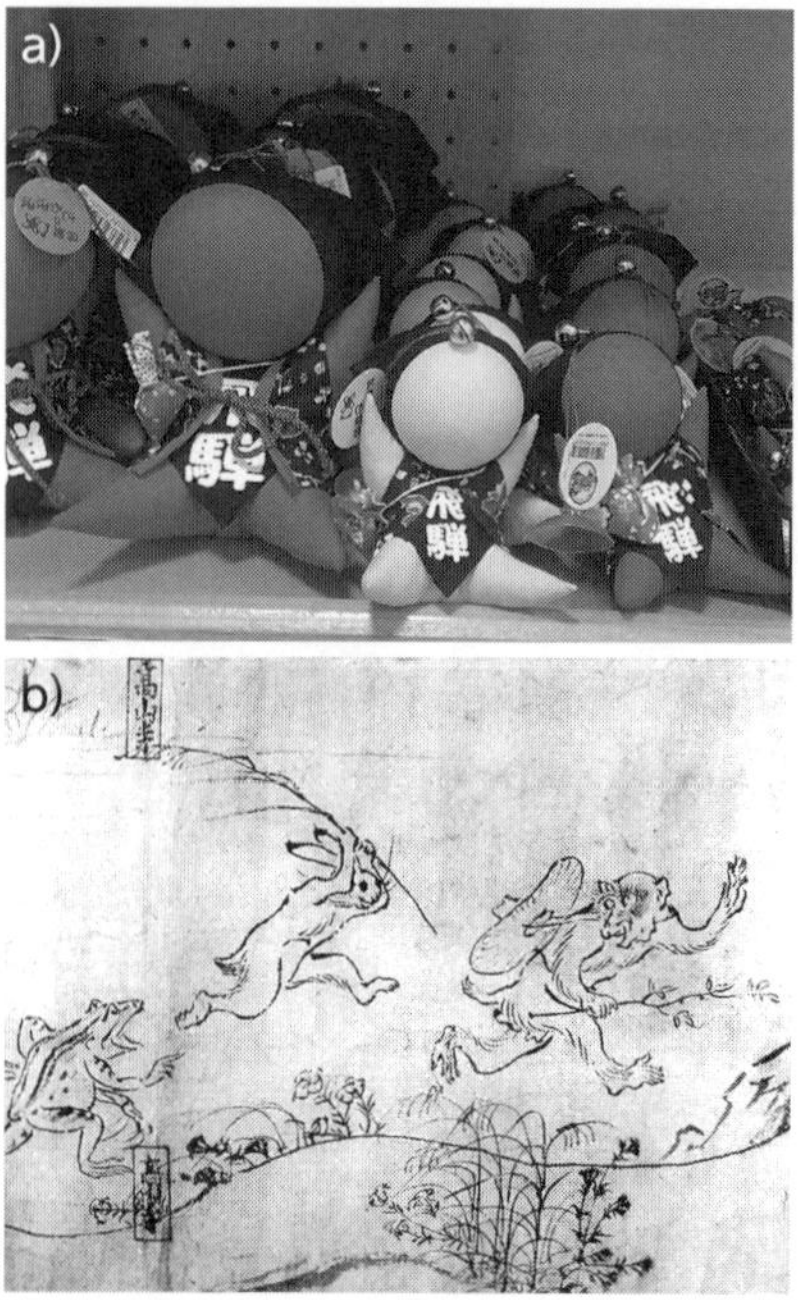

図 100　a）飛騨高山の民芸品、サルボボ人形。安産祈願のお守りとして使われてきた。b）『鳥獣戯画』に登場するサル。

図 101　栃木県・日光東照宮の「三猿」の彫刻。

た。さらに、サルの胆（胆嚢）は民間常備薬としてのニーズがあり、戦前まで広く使われていた。2章で、東北地方のサルの分布が限られていることを紹介したが、その大きな理由は、明治期に肉や薬にする目的で盛んに行われた狩猟による、地域的な絶滅だ。

近年は、実験動物としてのサルの需要も増えている。新薬を開発する際、臨床試験の前にヒト以外の動物を使って薬の効果をテストするのが一般的だが、臓器の構造や生理機構がヒトとよく似たサルは、そのよい対象動物になる。近年、研究が急速に進んでいる脳科学の分野でも、神経伝達物質のはたらきや脳の機能を調べるために、サルを用いた実験が欠かせない。その需要に応えるため、国内のいくつかの研究機関では、飼育下でサルを繁殖させ、供給する取り組みを進めている。

私たちヒトも、生態系の一員だ。したがって、私たちは日々の生活を営むうえで、他の生物と関わりをもっている。この考えに基づけば、ヒトとサルとの付き合いは、両者の種間関係とみなせる。ただ、ヒトが他の生物と明らかに違うのは、その活動が他種に与える影響が、とてつもなく大きいという点だ。人間の経済活動は、サルたちに従来経験したことがないほどの影響を与えてきたし、これからも与え続けるだろう。

本章では、ヒトとサルとの関係の中で最近問題になっているいくつかのトピックを紹介する。ここまでの章と異なり、私自身がこれらの問題に直接関わっているわけではないが、その解決のために、様々な立場の人たちが意見を出し議論すべき問題であるから、これまでの知見を整理するとともに、残された課題を指摘したい。

10・2 サルに由来することば

昔の人々は、山のサルをよく観察していたようで、彼らの振る舞いから、私たち自身を戒める言葉を生み出した。

［猿も木から落ちる］——その道の専門家でも時には間違うことがあるという意味だから、木登りの得意なサルを肯定的にとらえた言葉といえる。

［犬猿の仲］——仲が悪いことのたとえ。サルは犬を見ると激しく警戒し「クワン」「カン」という高い声を出す。かつての天敵であるオオカミに対する、警戒行動のなごりなのだろう。

［猿の尻笑い］——サルが、仲間のサルの真っ赤なお尻を見て笑った。つまり自分の欠点に気づかず、他人の欠点を馬鹿にして笑うこと。

［朝三暮四］——朝に三つ、夕方に四つの木の実をもらっていたサルたちが「木の実が少ない！」と不平を言うので、飼い主が朝に四つ、夕方に三つに変更しようと提案したら喜んだという。つまり目先の違いに囚われて、本質的に同じであることに気づかない愚かさを戒めた言葉。

［猿の尻笑い］と［朝三暮四］には、サルは賢いが人間と比べたら一段劣る、というネガティブなニュアンスが含まれる（サルにとっては言いがかりもいいところ）。サルたちの名誉のために、最後にこの言葉を紹介しておこう。

［断腸の思い］——コザルを捕まえて船で川を下っていると、母ザルが船を追って川岸を一〇〇里

も走り続けた。母ザルはついに船に飛び移ったが、そのまま息絶えてしまった。母ザルの腹を裂いてみると、腸がずたずたに断ち切られていた。そんな中国の故事に由来する言葉で、はらわたが切れるほど悲しい思いという意味。この言葉には、母ザルがわが子を慈しむ気持ちが、よく表れている。

生物の和名には、サルが語源のものがある。サルノコシカケは、文字通りサルが腰を下ろせそうな、大きなカサが特徴の固着性のキノコだ。サルトリイバラは、バラのようなするどいトゲがあってサルが引っかかりそう、というイメージから名がついた低木（図102a）。サルナシ（コクワ）は野生のキウイフルーツで、「サル向けのナシ」というイメージ（図102b）。事実、全国のサルはこの果実を好んで食べてそのタネを散布する。ベニマシコという鳥は、羽が赤色でマシラ（サルの古い呼び名）に似ている、というところからつけられた。マシコ＝マシラの子という意味だ。

もし、サルが絶滅してしまったら、未来の日本人は、これら

図102　サルの名前が付いた植物の例。a）サルトリイバラ（*Smilax china*、ユリ科）。b）サルナシ（*Actinidia arguta*、マタタビ科）。

の名前を、その由来を知らずに使うことになる。生物多様性の保全は、生きものを守ることにとどまらず、わが国の言語文化、ひいては日本人としてのアイデンティティを守ることにもつながるのだ。

10・3 サルによる農林業被害と人身被害 ——猿害——

金華山では、サルたちが雨の日に神社の軒下で雨宿りすることがある。そのあとたいてい糞をしていくので、いつも優しい神社の職員さんも、このときばかりはカンカンだ。

本土地域では、より深刻な問題が起きている。ここ三〇年ほど、山間部の人々や自治体を悩ませているのが、サルが農作物や林産物を食い荒らす、人間を襲ってケガさせるなどの被害問題、いわゆる「猿害《えんがい》」だ。この節では、とくに農作物被害について解説することにする。

二〇一八年現在、サルは生息するすべての都府県で農作物被害を出している。最も被害が深刻だった二〇一〇年度の被害額は、一八億五千万円（図103）。これは、シカとイノシシに次ぐ第三位の規模だ。この現状に対し、行政は主に有害駆除による被害防除を進めている。年間の駆除個体数は一九九八年には一万頭を、二〇一〇年には二万頭を超えた。ここ数年、被害は減少傾向にあるものの、面積当たりの被害額はむしろ増加傾向にあるという。

実は、猿害そのものは昔からある問題だ。サルの畑荒らしに悩む農民の実情を聞き取った江戸時代の資料が残っている。この時代、農民は畑の周辺に櫓《やぐら》を立てて、交代で見張っていたようだ。大切な農作物を守るために、当時の人々はサルをはじめとする野生動物を、必死に追い払ったことだろう。

また、この時代の燃料は薪や炭だったから、それを得るために多くの人々が集落の周辺の山（里山）に出入りした。その際にサルを見かけたら、捕まえようとしただろう。したがって、当時のサルたちは、ヒトを「恐ろしい敵」と認識していたはずで、田畑への侵入はリスクの大きな行動だったはずだ。

戦後の復興期から高度経済成長時代にかけて、私たちとサルの緊張関係が一変する三つの出来事があった。まず一つは、サルが狩猟獣から除外されたこと。サルが猟銃に追い回される時代は終わり、彼らにとって人間は脅威ではなくなった。二つ目は、一九五〇年代にエネルギー革命が起きたこと。主要なエネルギー源は、それまでの薪・炭から石炭・石油に代わった。里山に人の出入りがなくなり、森林の人為的なかく乱がなくなったために、森林更新が進んでうっそうとした見通しの悪い林に変わった。奥山と里山の境界があいまいになり、サルは田畑に近づきやすくなった。そして三つ目が、国の主導で植林が進められたこと。戦後に急増した木材の需要に答えるため、奥山の自然林を切り倒して、スギやヒノキなどを手当たり次第に植え

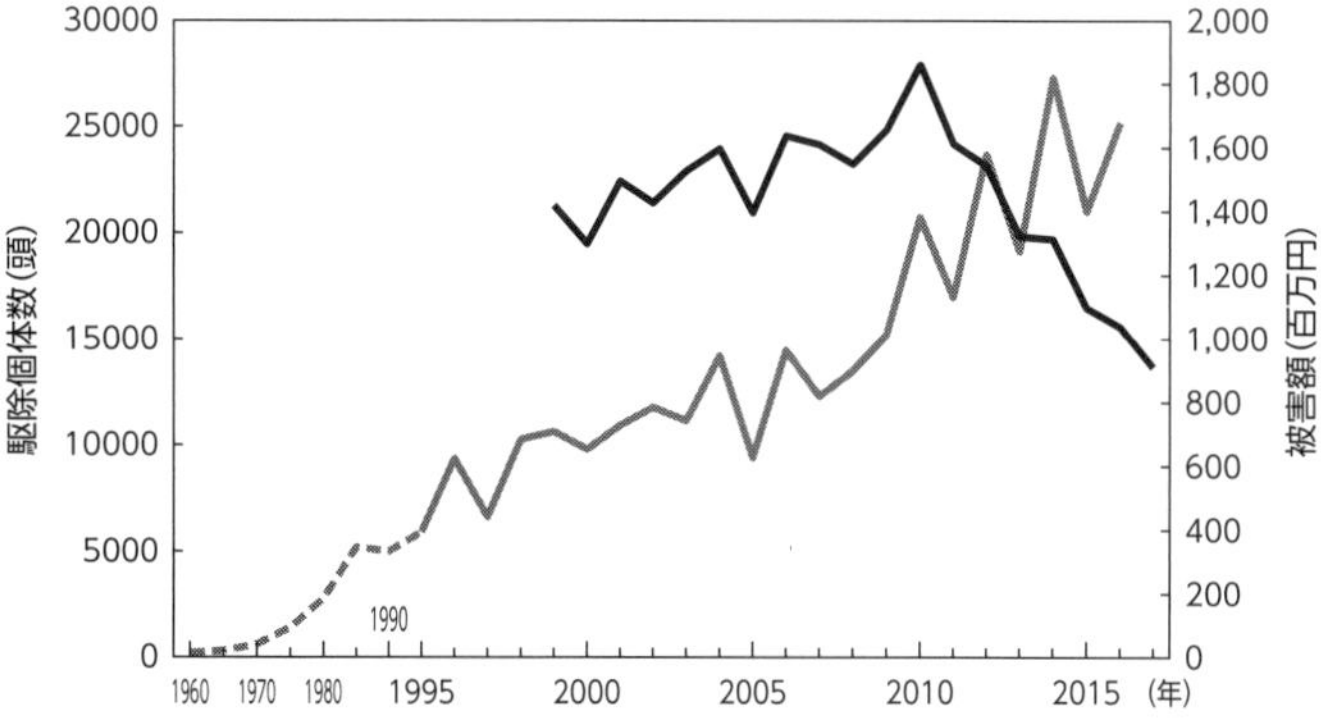

図 103　サルによる被害額（黒）と駆除個体数（灰色）の推移（1960 年から 2017 年の統計資料を改変）。1998 年以前の被害額の資料は得られていない。

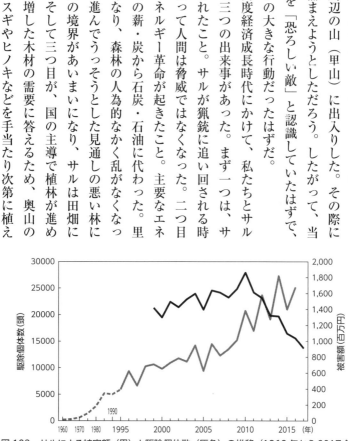

たのだ。しかし、その後海外からの安い木材の輸入が増えて、この拡大造林政策は失敗に終わる。自然林の減少により、サルたちの本来のすみかが大幅に減ってしまった。すみ場所を追われたサルたちが人里近くにやってくるのは、必然だった。

農作物は、人間が食べる目的で栽培している植物だから、食べる部分が多い、栄養価が高い、繊維分が低いなど、サルにとって魅力的な特徴をいくつもそなえている。そのきっかけはたぶん、コザルが遊んでいる途中でたまたま口にしたことだったのだろう。サルたちはたちまち農作物の味を覚え、それらに対する依存性を、少しずつ高めていった。世代交代により、サルたちが昔のように人間を恐れなくなったことも、彼らの農地利用を後押ししただろう。

これに追い打ちをかけたのが、高度経済成長時代以降の、農村の高齢化・過疎化だ。若い世代が、より便利な生活と高い収入を求めて都市に流出したため、一九六〇年に二七パーセントだった農業従事者の割合は、一九九〇年には七パーセントを切るまでに低下した。農村から若者が消えたため、サルなどの野生動物が畑にやってきても、以前のような、住民総出の追い払いができなくなってしまったのだ。これらの要因が重なり、一九八〇年代以降に各地で猿害が目立つようになったのである。

10・4 猿害がもたらすもの

猿害は、ヒトとサルの両方に悪影響をもたらす。まず人間側の影響は、何といっても経済的な損失だ。作物は農地に集中して植えられているため、サルは一度侵入に成功すれば、満腹になるまで食べ続けることができる。農作物を食べ続けることでサルの栄養状態は改善し、出産率の増加と、死亡率の低下がもたらされる。毎年の出産さえ可能になるだろう。オスザルは大きくなると生まれた群れを出て別の群れに移籍するが（2章）、その際に、彼らが農作物の味を移籍先の群れに伝えるとすると、その群れも新たに農作物を食べ始めることになるから、被害はサルの増加とともに拡大していく。被害に対する補償を行っている自治体もあるが、繰り返される被害により、農業を続ける意欲をなくす人も多いという。

民家に侵入したサルにヒトが咬まれるという事故も起きている。サルは、人獣共通感染症を引きおこす病原体（ウイルスと細菌）を持っており、彼らに噛まれることで、それらの病気に感染するリスクがある。関連して、被害の多発する地域では、住民からの苦情や要請が自治体に多く寄せられるため、対応する職員の負担は重くなる。

いっぽうサルにとって、農作物の利用は彼らの栄養状態を改善するので短期的には有利と考えられるが、栄養価の高い食べものを摂りすぎて、繁殖生理がくずれる、肥満や虫歯になるなど、健康上の悪影響が懸念される。いっぽう農作物に依存して群れサイズが大きくなると、群れ内部の緊張状態が高まるだけでなく、隣接する群れとの関係もシビアなものになる。さらに、農地に依存した生活により、本来の土地利用や活動のパターン（3章）が変わってしまう。

ヒトの食べものへの過度の依存は、種子散布（8章）にも悪影響を及ぼす。最近インドのアカゲザルを対象に行われた研究によれば、彼らは車からもらう餌を求めて道路周辺に居つくようになり、糞はアスファルトで舗装された道路に集中して排泄されるようになった。糞に含まれるタネは車に踏みつぶされてしまうから、種子散布効率が著しく低下したという（図104）。また、ヒトからもらう餌に依存するアカゲザルやブタオザルの行動圏は、自然群に比べて小さく、タネの散布距離が短くなっている可能性がある。わが国でも同様のことが起きているかもしれない。

10・5　対策の現状

行政は猿害対策として、主に有害駆除を実施している。かつてサルの駆除には環境庁（現：環境省）の許可が必要だったが、一九九九年に「鳥獣の保護及び管理並びに狩猟の適正化に関する法律」（鳥獣保護法）が改正され、捕獲の権限が県に下りた。この法改正のポイントは、従来のような無計画な

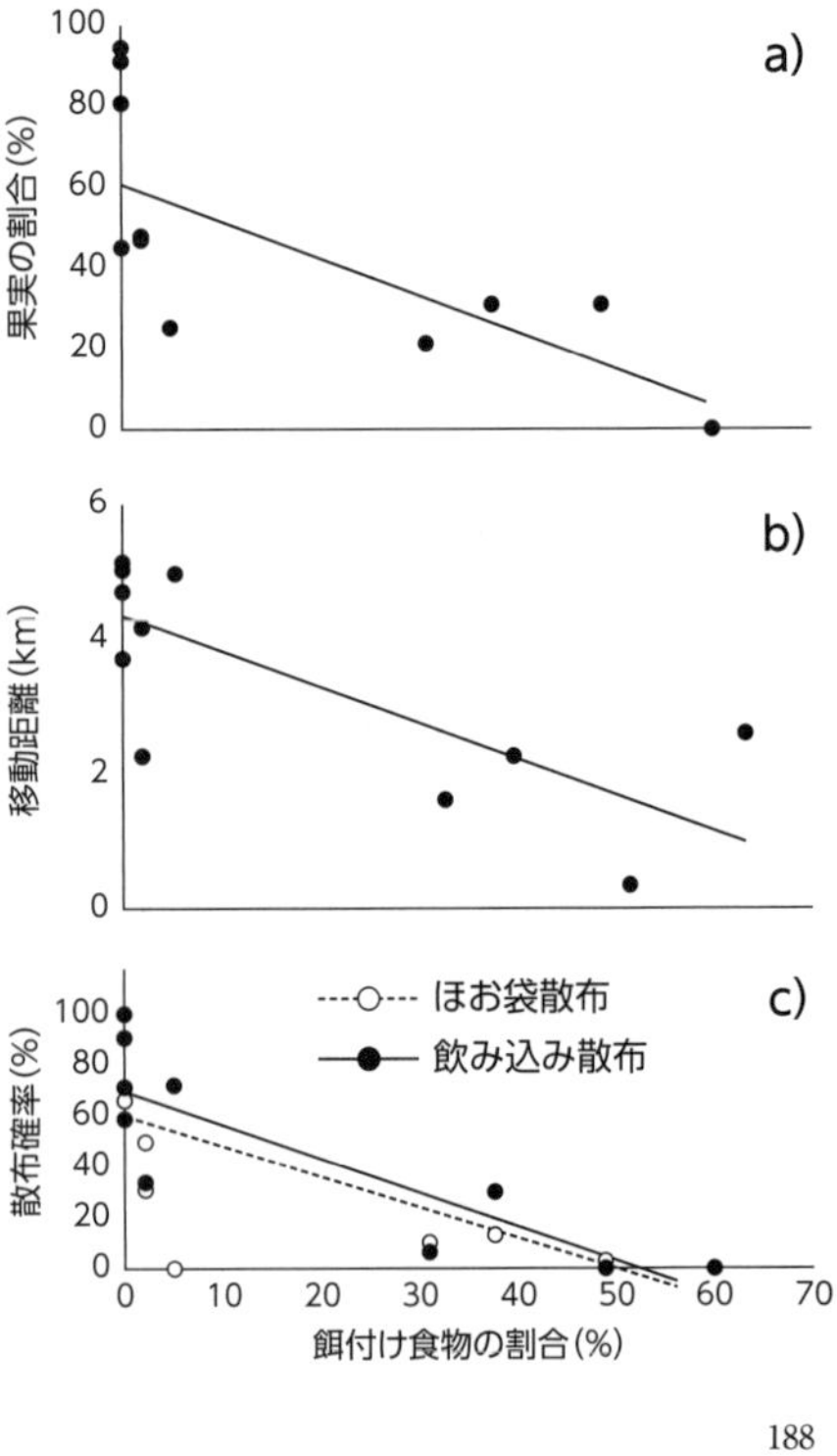

図104　餌付けされたアカゲザル（*Macaca mulatta*）の種子散布機能（Sengupta *et al.* 2015, *PLOS ONE* 10: e140961を改変）。餌付けの度合いが高ければ高いほど、a）野生の果実の採食割合が低下し、b）タネの移動距離が短くなり、c）散布の確率が低下する。

駆除でなく、駆除の効果をそのつどチェックして、うまくいった場合はそれを維持するが、失敗した場合は方法を改めるという方法（順応的管理という）を推奨したことだ。二〇〇七年には「鳥獣による農林水産業等に係る被害の防止のための特別措置に関する法律」が制定され、市町村が独自に被害防止計画を立てられるようになった。さらに二〇一三年、政府は被害を出すサルの群れを二〇年間で半減させるという方針を示し、これまで以上に高い捕獲圧をかけ始めた。

被害の現場では、サルがやってきた場合に大声を出すとか、ロケット花火やモデルガンで攻撃するなどして追い払う（図105 a）。さらに、オオカミの形をしたロボットを置く、肉食動物の糞をまく、シチメンチョウの声を聞かせる、苦い液体を野菜に吹き付けるなど、新たな対策が毎年のように登場する。猿蟹合戦のカニを描いた看板を立てるという、どこまで本気かわからない対策もあるらしい。残念ながら、ほとんどの対策は効果が長続き

図105　a）民家に現れたサルをロケット花火で追い払う（三重県名張市にて）。b）サルの侵入を防ぐための電気柵（愛知県岡崎市にて）。

しない。サルたちは初めのうちこそ警戒するが、やがて離れていれば安全だということを学習してしまうからだ。

現状で最も有効とされているのは、農地に電気柵を張り巡らせてサルの侵入を防ぐ方法だ（図105ｂ）。電気柵の設置に対しては、自治体も補助金を出すなどして積極的にサポートしているし、研究者や業者も、効果的な柵の開発に取り組んでいる。ただ、電気柵周辺の草むしりをする、柵への落下物を取り除くなどのメンテナンスが大変で、農作業に従事する高齢者には決して楽な対策ではない。特別な訓練を受けた犬（モンキードッグ）を使ってサルを畑や住宅地から追い払う方法もある。犬を恐れるサルの習性を利用した対策で、人間がサルを追いかける必要がない、という利点がある。その運用法は自治体によって異なるが、個々の農家が自分の畑を守るために利用する場合が多い。農林水産省の調べでは、二〇一三年度までに二五都道府県七一市町村で、計三六〇頭のモンキードッグが活躍しているそうだ。

猿害を、個々の農家の問題ではなく集落全体の問題としてとらえ、住民同士が連携してサルを地域から追い払うという活動を進めている自治体があり、注目を集めている。たとえば三重県では、山端直人さん（三重県農業研究所）がコーディネーターとなり、担当者が集落を回って研修会を開き、追い払いの具体的な方法を示す、モデル地域の事例を紹介するなどして住民意識を高め、かつ部分的な群れの管理を進めた結果、被害レベルを大幅に下げることに成功した。今後の課題は、このような成功事例のノウハウを各地に広げる人材を養成することだろう。

10・6　基礎研究の知見を被害対策に活かす

サルによる農作物被害の問題がセンセーショナルに報道されたためか、サル＝畑を荒らす悪者のイメージが強くなってしまったようだ。被害を何とか減らそうと、多くの研究者や行政担当者が問題解決の糸口を探っているが、難航しているのが現状だ。

基礎的な研究で得られた知見を、被害対策に活かすことはできないだろうか。サルの野生の暮らしを調べていると、サルとヒトのあつれきを解決するヒントが得られることがある。幸島での学生実習の際、大学院生の菅原直也君が行った実験を紹介しよう。彼は、カツラをかぶる、服装を変える、肩パッドをつける、などして変装し、どれくらいの距離まで近づけばサルが逃げ出すのかを調べた（図106）。サルが怖がっていればいるほど、より遠くから逃げ出すと予想される。

面白いことに、髪型と服装はサルの逃げ出す距離とは

図106　さまざまな格好に変装して、サルの反応を調べた。

無関係だったが、肩幅が広いときは、より遠くから逃げ始めた。この結果からはサルは相手の身体能力を、主に体格で判断していると推測できる。農作物を食い荒らすサルを、女性や老人が追い払おうとしてもあまり効果がないそうだが、この実験結果を考えれば理解できる。追い払いの際にわざと大きめのジャケットを着る、など、被害の現場で応用できるかもしれない。

私たちフィールドワーカーは、サルの群れが無個性なサルの集合体ではなく、メンバーそれぞれの行動に違いがあることを知っている（2章）。猿害について言えば、農地を荒らしたり人を威嚇したりするのは特定の個体だけというケースも多い。宇野壮春さん（東北野生動物保護管理センター）は、問題を起こす個体だけを群れから除去するという取り組みにより、被害レベルを下げることに成功した。現在、多くの地域ではサルの数をコントロールすることに主眼を置いているが、群れの質をコントロールする方向にシフトすれば、駆除の効果は大幅にアップするだろう。宇野さんの取り組みは、限られた予算を有効に使ううえで、参考になる考え方だ。

5章で紹介した、山の実りの年による違いも猿害に関係する。もし山の実りが豊作なら、サルたちは自然の食べものだけで必要な栄養分を獲得することができるから、リスクを犯して人里にやってくる頻度は下がるはずだ。つまり、猿害の頻度や規模は、畑そのものの価値というより、山の環境との相対的な価値で決まると考えるべきだ。同じように山の実りと関係する獣害問題の例としては、ツキノワグマの人里への出没も同様だ。クマもサルと同様に、果実に依存する動物だ。クマは、冬は巣穴にこもって食べずに過ごすため、秋の間に食いだめをし、体脂肪を蓄える。したがって、堅果類が凶作の年は、彼らは必要な栄養分を農作物に求めて人里に出没する傾向があり、そこでばったり出会った人が襲われてケガをする。

現状では、猿害は農業の問題ととらえられがちで、被害地域のサルが生息地全体をどう使うかという、生態学的な視点に立った取り組みは、まだほとんど行われていない。猿害を、人里に暮らすサルの土地利用だとみなせば、森林と農地の価値を評価することにより、彼らが農地にやってくる時期を予想し、サルに狙われる可能性の高い作物を効果的に守ることができるはずだ。

ただし、基礎分野の研究者の考えを、被害の現場に押し付けてはいけない。現場では、科学的な厳密さよりも、地域の被害をただちに減らす、即効性が求められているからだ。地域の住民、行政担当者、そして基礎・応用分野の研究者がそれぞれの立場を尊重し、各々が自由に意見を出し合える場を設けること、そして信頼関係を築くことが、問題を解決する第一歩だ。猿害対策は、自然科学であると同時に社会科学でもあるのだ。

10・7　外来ザルの静かな侵略 ——尻尾の長いニホンザル——

人間が何らかの目的で持ち込んだ生物種（外来種）が、もともとその環境にいた生物種（在来種）の生存を脅かしたり、人間生活に悪影響を及ぼしたりすることを、外来種問題（invasive alien species problem）という。強い毒性を持つヒアリやセアカゴケグモが、輸入貨物に紛れて日本にやってきて大騒ぎになったのは、私たちの記憶に新しい。スポーツフィッシングで人気の高いオオクチバスやブルーギルは、いずれも北米原産の淡水魚だが、各地の湖沼に放されて分布を全国に広げた。彼らは非常に貪欲で、在来生物を根こそぎ捕食することが問題になっている。琵琶湖では、外来魚により稚魚が捕食されてニゴロブナが減り、名物である鮒寿司の生産に影響が出るまでになった。北米原産のアライグマは、テレビアニメの影響で「かわいい」と人気が出て、ペットとして大量に輸入された。しかし、この動物は成長とともに気性が荒くなるため、その多くは捨てられて野生化した。彼らはその後日本各地で繁殖して増加し、在来種であるタヌキと食べものや巣穴をめぐって争うこととなった。アライグマから他の動物への病気の感染も懸念材料だ。

外来種が引きおこす、別の深刻な問題がある。それは、交配による在来種の遺伝的多様性のかく乱(genetic pollution) だ。異なる二種が交わって生まれた子供は、在来種でも外国産の動物でもない雑種である。もし雑種が増えて個体群の大部分を占めるようになると、見かけの個体群が維持されていても「生物学的な種」としての在来種は失われる。たとえば、大戦前後に食用として持ち込まれたタイリクバラタナゴが日本各地の河川で増え、各地で在来種のニッポンバラタナゴと交雑したため、純粋なニッポンバラタナゴの生息地は、現在まばらに残るだけになってしまった。種としてのニッポンバラタナゴの絶滅が懸念されているのだ。

このような遺伝的かく乱が、サルにも起きていることを、みなさんはご存じだろうか。それは、外国産のマカク類（アカゲザル・タイワンザル）との交雑の問題だ。アカゲザルは、ニホンザルよりやや小柄で色が茶色っぽく、尾がやや長いマカク類だ（図107a）。アカゲザルは医学実験に使われるサルとしても有名だ。血液型の一つRh型は、このサルの英語名（Rhesus macaque）に由来する。アカゲザルと共通のD抗原をもっていれば「＋」、なければ「－」だ。いっぽうタイワンザルは、その名の通り台湾にのみ生息するマカク類で、体格はニホンザルによく似ているが、尻尾が長いので一目で区別できる（図107b）。

　マカク属のうち、アジア東部に生息するグループは、共通祖先から分かれてからそれほど時間がたっていない。たとえば、アカゲザルとニホンザルが枝分かれしたのが約五〇～六〇万年前、そしてニホンザルの祖先が日本列島にたどり着いたのが約四〇～五〇万年前だから、両者はいわばきょうだい同士の関係だ。したがって、これら二種の生殖隔離は不完全で、たまたま出会って交配したら、簡単に雑種をつくってしまう。さらに、このようにしてできた雑種も繁殖能力をもつから、遺伝的かく乱の影響は世代を経るごとに拡大する。

図107　a) アカゲザル。
b) タイワンザル（*M. cyclopis*）。

図108　アカゲザルとニホンザルの交雑個体（千葉県・房総半島にて）。

外国産のマカク類の日本への持ち込みは、わが国のレジャー産業の歴史と関係がある。戦後の復興期は人々の娯楽が乏しく、その中で野猿公苑は人気の施設だった。ただ、当時はサルがヒトを恐れて山奥に隠れ住む時代で（2章を参照）展示用のサルを確保するのが大変だったから、手っ取り早く客を呼び込むために、外国産のサルを導入した施設もあったようだ。当時は、日本人研究者によってサルの知見が世界に先駆けて報告されていた時代であり、野猿公苑の設立に研究者が手を貸したという側面もあったろう。

和歌山県では、私立の観光施設で飼育されていた数十頭のタイワンザルが逃げ出して野生化し、一時は三〇〇頭以上にまで増加した。県内でニホンザルによる農産物被害が相次いでいた一九九八年に分布調査を行った際、長い尾をもつ、奇妙な個体が捕まった。遺伝子の分析の結果、この個体がタイワンザルとの雑種だと確認され、遺伝的かく乱の問題が明らかになった。交雑が進んでいるのは紀伊半島の一角に限られていたが、このまま放置すれば半島全体に遺伝的かく乱が拡大すると心配されたため、和歌山県は二〇〇一年にこの地域のタイワンザルならびにニホンザルとタイワンザルの雑種を根絶させることを決定。以降、毎年のように駆除を実施した。ねばり強い努力の末、同県は二〇一七年末にタイワンザルの根絶を宣言。迅速な判断が、遺伝的かく乱を最小限にとどめたのだ。

千葉県・房総半島での、アカゲザルとニホンザルの交雑による遺伝的かく乱の問題はさらに深刻だ。かつて半島の端にあった私立の動物園で飼育されていたアカゲザルが何らかの理由で逃げ出して野生化したのが、その発端だ。彼らは徐々に分布を拡大し、現在では半島南部を中心に生息している。房総半島はもともとニホンザルが多く生息する地域であり、アカゲザルが分布を拡大する中で、いつしかニホンザルとの交雑が始まっていたらしい（図108）。交雑が初めて確認されたのは、二〇〇二年のことだった。交雑ザルかそうでないかは、尾の長さで判断されてきたが、やっかいなことに、複数世代の交雑が進むと外見では区別ができなくなってしまうことも、最近の研究で明らかになった。交雑個体を遺伝子情報から簡単に判定できる方法が開発され、今後は交雑個体の分布をモニタリングしつつ駆除を進めることになっている。和歌山県と千葉県の事例からわかるように、外来種問題への取り組みには、行政と研究者との連携が強く求められる。

それがもたらす影響の深刻さを考えれば、元々日本にいない外国産のサルを持ち込むのは一切止めるべきだ。また、動物園や研究所で飼育されている外国産のサルを施設外に逃がすことも、阻止すべきだろう。そして自然環境に入り込んでしまった外国産のサルは、生態系への影響を防止するために、すみやかに除去する必要がある。

みなさんの中には「人間にだって国際結婚があるのだから、異なる種が交配したっていいじゃないか」と思う人がいるかもしれない。しかし、外来種問題のポイントは、生息地が異なる近縁種が同所的に存在する特殊な状況を、ヒトという生物が生み出したことによる問題ということだ。自然界で種間雑種ができるのは、島と島が長い時間をかけて結合し、それぞれの島にいた集団が交流を始めた場合、あるいは長距離移動能力を持つ動物が移動先で別の種と交流を始めた場合のいずれかに限られてきた。サルの交雑問題は、そのいずれでもなく、生物の進化の歴史をゆがめる行為に他ならない。

ニホンザルは、約四〇〜五〇万年前に大陸から日本列島に入り込んだのち、ヒト以外の霊長類と一切関わることなく、独自の進化を遂げてきた動物だ。日本海によって大陸と地理的に隔離されてきたため、その行動や生態・遺伝的な性質・他種との関係は、日本の環境に適応した、独自のものだ。長い時間をかけてつくられた、サルの進化の歴史を、私たちヒトが自分たちの都合で乱していいという理由はない。すでに起きてしまった問題に対しては、できる限り現状に戻す努力が求められる。また、これ以上の遺伝的かく乱の拡大は、何としても食い止めなければならない。

10・8　被ばくしたサル——福島原発事故——

森林の伐採、道路やダムの建設など、人間の開発に伴う環境破壊・環境汚染が生きものたちの生存を脅かしていることは、これまで世界各地で報告されてきたが、わが国で最近、従来とは全く異なるタイプの環境汚染が発生した。記憶に新しい、フクシマの原発事故だ。この事故が生きものに与える影響については、多くの研究者が現在調査を進めており、毎年のように新しい論文が公表されている。本節では、この事故が特にサルに与えた影響について、これまでにわかっていることをお伝えしよう。

二〇一一年三月に東日本大震災が発生した直後、福島第一原子力発電所は、押し寄せた津波をかぶり、施設管理のための電源が消失した影響で、複数の原子炉でメルトダウンが発生した。原子炉から放出された多量の放射性物質は周辺一五〇〇平方キロメートルにわたって飛散し、一時は一六万人もの人々が、故郷からの避難を余儀なくされた。事故から九年がたった二〇二〇年現在も、放射線量が高い一部の地域では立ち入りが厳しく制限されている。この地域に生息していたサルは、長期にわたって放射線被ばくすることになった。羽山伸一さん（日本獣医生命科学大学）の研究グループは、避難地域に近い福島市で震災前からサルの農作物被害に関する調査をしていた関係で、原発事故がサルの健康に与える影響の評価を進めている。

彼らが最初に調べたのは、サルの筋肉中の放射性セシウム（^{134}Csおよび^{137}Cs）の濃度だ。放射性セシウムはカリウムと置き換わるかたちで体内に留まるが、体内で放射線を発し続けるため、これを取り込んだ生きものは、長期にわたって内部被ばくを受けることになる。福島市で駆除されたサルと、原発事故の影響をほとんど受けていないと考えられる下北半島のサルとの間でセシウム濃度を比較したところ、前者は後者よりも濃度が高かった。さらに、事故発生直後に濃度が急激に増加したことや、汚染レベルが高い場所で捕獲されたサルほど濃度が高いこともわかった（図109a）。セシウム134の半減期は二・一年、セシウム137の半減期は三〇・一年だが、他の放射性物質の半減期はセシウムのそれを上回ることもあるから、サルの内部被ばくが長期化する可能性は高い。

次に、駆除個体の血液や骨髄の成分を調べたところ、汚染レベルが高い地域ほど、白血球や血色素の濃度が低い傾向が見られた（図109b）。とくに四歳以下のコザルでは、放射性セシウムの濃度と白血球濃度の間に負の相関が見られた。白血球は、体内に侵入した異物を除去する細胞性免疫に関わる成分だ。

最後に、胎子の大きさを原発事故の前後で比べたところ、事故後の胎子は事故前の

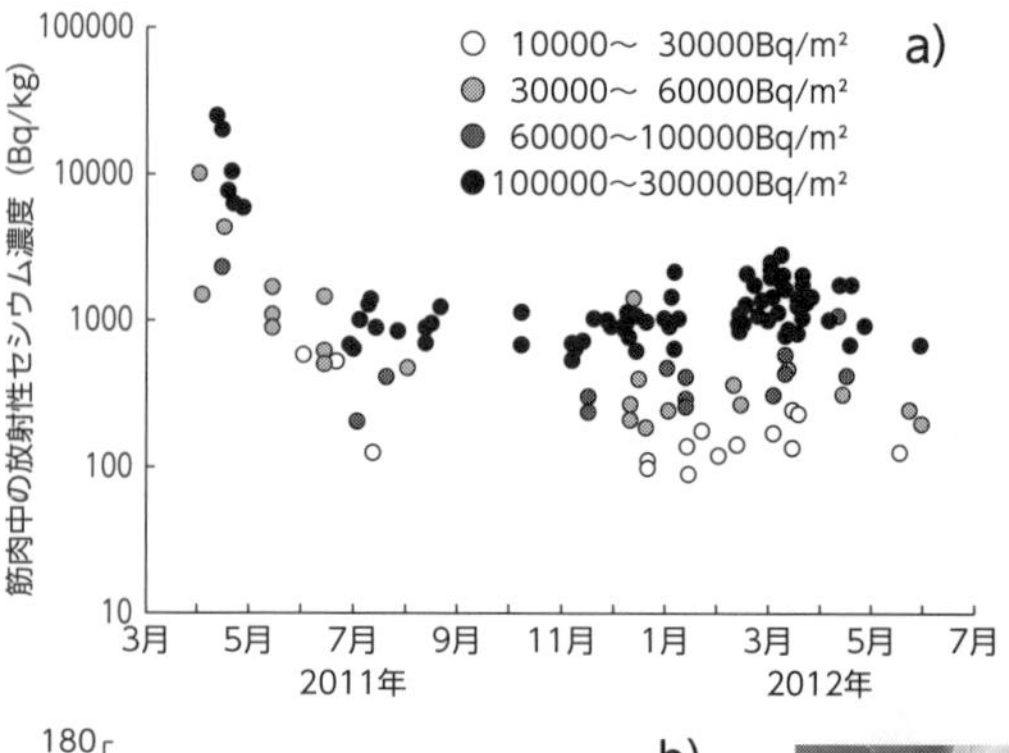

図109　a）有害駆除されたサルの筋肉中の放射性セシウムの濃度（Hayama *et al.* 2013 *PLOS ONE* 8: e68530を改変）。b）有害駆除されたサルの血液に含まれる白血球の数（Ochiai *et al.* 2014 *Sci. Rep.* 4: 5793を改変）。c）サルの胎子の体サイズを計測しているところ。

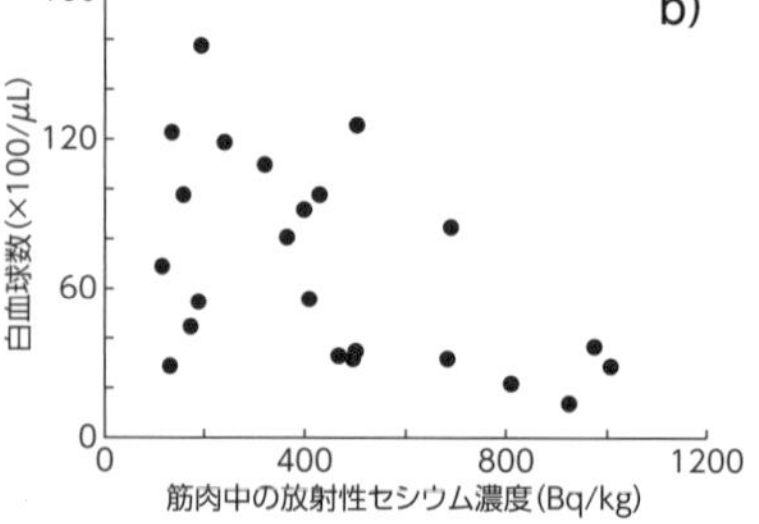

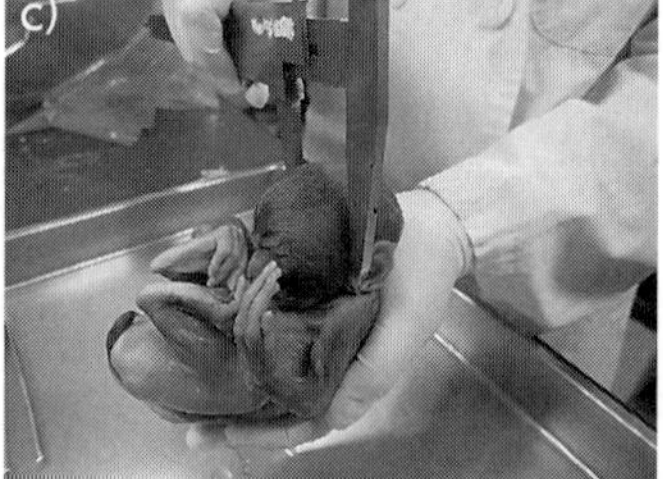

胎子に比べ頭が小さく、体全体の成長にも遅れが見られた（図109c）。

以上の結果をもって、放射線被ばくがサルの健康に悪影響を与えていると結論付けるのは難しい。しかし、データを素直に見る限り、被ばくが彼らの生理や発達と無関係だと断言することもまたできないだろう。原発事故に伴う放射線被ばくが、この地域のサルの今後にどのように影響するのかを評価するためには、事故後に生まれたサルの成長を、注意深く見守る必要がある。そして、原発事故がヒトに与える影響については、本節で紹介したサルへの影響についてのデータも参考にしながら、慎重に議論する必要がある。

10・9　社会における研究者の役割

私たち研究者には、国家や組織の利害関係に関係なく、自由に真理を探究できる権利がある。ただ、その権利は同時に、専門家として社会の要請に応じ、ときには問題解決の道筋を示さなければならない、という義務を伴う。人間活動が自然環境に多大な影響を与え、さまざまな地球環境問題が起きている現代では、社会はさまざまな問題に対する処方箋を研究者に求め、また政策や世論をつくる過程でも専門的な立場からの意見が必要になる。私にとっては、二〇年間の研究生活で得たサルに関する知識がそれにあたる。学位を取得して一二年、私は最近、この社会で一研究者としていかに貢献するべきなのか、考えるようになった。

たとえば、本章で取り上げた農作物被害問題への提言がある。一九八〇年代に猿害が社会的な問題

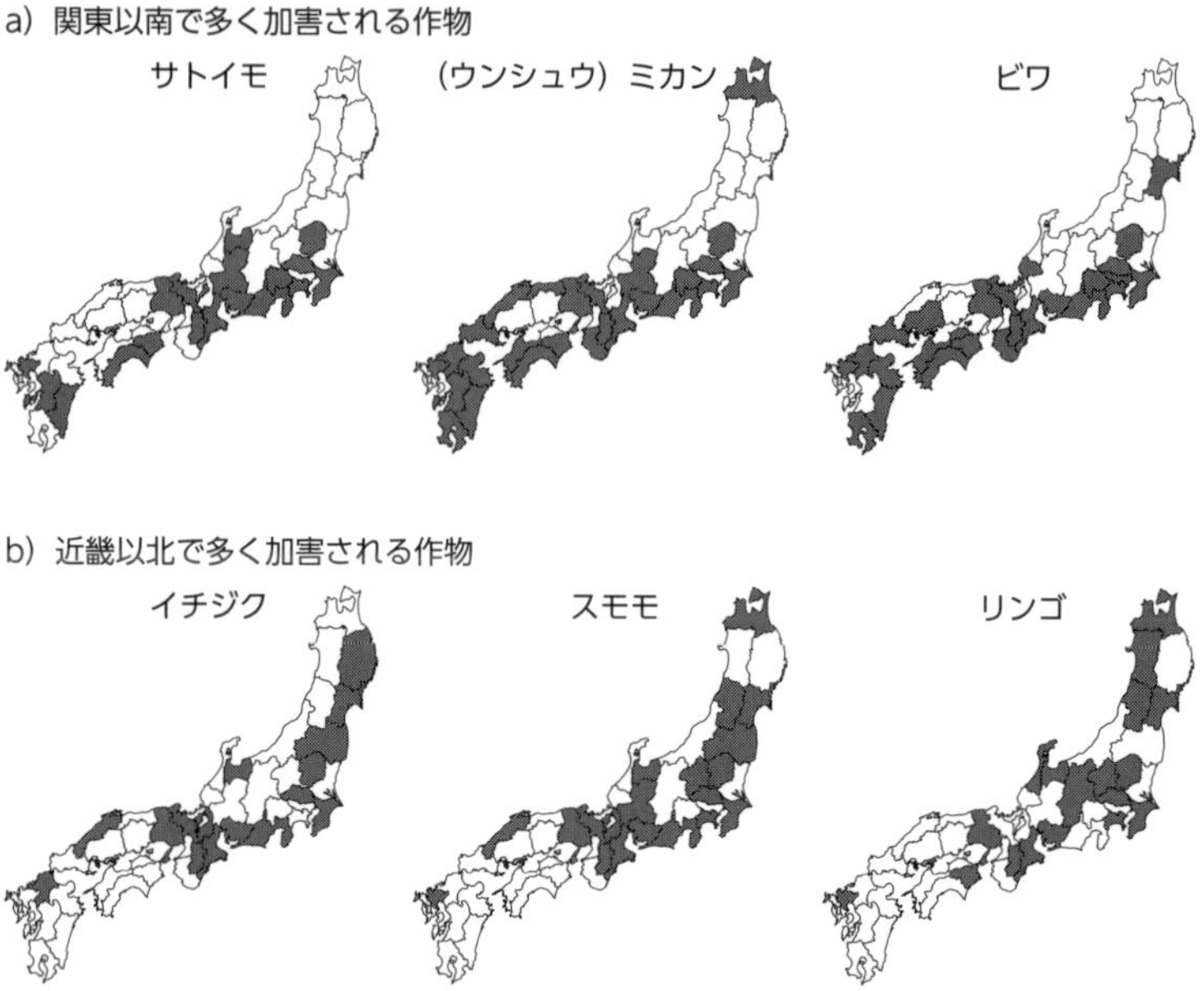

図 110　サルが加害する作物の地域変異の例。a）関東以南の多くの地域でサルが加害する作物。b）近畿以北の多くの地域でサルが加害する作物。いずれも灰色に塗りつぶした自治体で被害が大きいことを意味する。

になって以降、私たち研究者もこの問題に積極的に関わるべきだ、という要請が高まっている。私は最近、所属する学会の中でサルの被害問題を話し合うグループに入った。基礎研究の立場でどういう協力ができるだろうか、と私なりに考えて、自分の専門性を活かし、各地のレポートを整理して加害作物の情報をレビューすることにした。資料を分析した結果、野生の食べものと同様に、サルが加害する作物には地域差が見られることがわかった。

たとえばビワとミカンの加害は関東・中信越以南でのみ報告されたいっぽう、イチジク・スモモ・リンゴ・ソバ・カブ・コオニユリの加害は近畿以北でのみ、そしてウメ・キウイフルーツ・

ナツミカン・ピーマン・ラッキョウ・ホウレンソウの加害は本州中部でのみ報告されていた（図110）。この地域差は、作物の栽培地域の違いに過ぎないのかもしれないが、その作物を食べものとしているか、いないかの違いを反映している、あるいは、その地域のサルの味覚に関する遺伝構成が影響を受けており、それが特定の作物の好みに影響している、という可能性もある（9章）。ある地域でサルの加害作物のレパートリーがどのように増えていくのかがわかれば、まだ被害が出ていない地域に警戒を呼びかけることにより、被害の軽減につながるかもしれない。いっぽう、行動圏利用の知見を活かし、猿害ザルの土地利用パターンに影響を与える要因を抽出し、被害の予測をする、という貢献ができるかもしれない。

二つ目は、6章でも触れた、飼育動物の福祉向上のための、野生での知見の提供だ。できるだけ野生に近い環境を再現し、飼育動物の「幸せ」を追求することは、繁殖成績の向上につながると期待される。いっぽう、研究者は野外では採集が困難な、動物の詳細な行動・生理・形態的データを集めることができるから、両者はウィンウィンの関係が構築できるのではないだろうか。

三つ目は、一般の市民に、研究対象の動物の正しい姿を伝えることだ。一部のマスコミの偏った報道の影響もあり、動物に対する誤解が、その動物の保全に悪い影響を与えることがある。感情的でなく論理的に、また抽象的でなく具体的なデータで説明すること、そしてこれまで知られていなかった新しい知識をわかりやすく紹介し、動物に対する興味を持ってもらい、保全に向けた世論を醸成することも、私たち研究者が果たすべき役割だろう。

東日本大震災と金華山

二〇一一年三月一一日。私はその日、愛知県犬山市の霊長類研究所にいた。研究室でお茶を飲んでいたら、「ドンッ!」と下から突き上げる揺れを感じた。それからしばらくして、部屋の本棚がワシワシと音を立てて揺れ出した。いつになく大きく、そして長い揺れだった。三〇分ほどたち「おい、大変だぞ!」と慌てた様子の同僚に促されて見たテレビには、津波が押し寄せた仙台空港の中継映像が写っていた。「な、何だ、これ……」恐ろしいことが起きたらしい。それから一週間、私は自宅のテレビをほぼ付けっぱなしにして、次々に入ってくる被害の報道を眺めていた。パソコンのメールボックスは、調査仲間の安否確認や今後の対応などのやりとりで、あっという間にいっぱいになった。

東日本大震災とそれに伴う津波により、三陸沿岸の地域は未曾有の被害を受けた。金華山へのアクセスポイントのひとつ、女川《おながわ》の被害は特に激しく、私たちが買い物をしたスーパーマーケット、調査帰りに立ち寄った銭湯、その隣にあったJRの駅舎は、あの日にすべて流されてしまった。調査仲間や黄金山神社の職員さんは数日後に自衛隊に救助され、全員無事だったが、地盤沈下によって島の桟橋は水没し、島に数件あった民宿は津波に飲み込まれ、神社の鳥居が倒れるなど、金華山の被害も深刻だった。

震災からほぼ半年後、私は差し入れを積んだ車を運転して、鮎川に向かった。高速道路を石巻で降りたあたりから、建物の残骸が見え始め、海に近づくにつれてその数が増えていった。道路はところどころ不自然に盛り上がり、地震の影響が生々しく残っていた。地元の方々に、いったいどのような声をかけるべきかわからず、私は黙って話を聞いた。この地域で一〇年以上調査をしてきたのに、地元の人々に何もできない、という後ろめたさが、その時に口を開くのをためらわせたのだ。これまで調査を続けてきた中で、一番つらい経験だった。

エピローグ

二〇一八年一〇月、私は秋の調査のために金華山を訪れた。震災直後の数年間は、島へのアクセス手段がほとんどなく、金華山で調査をする学生は減っていたが、島に渡る定期船が復活するなどの影響もあり、関澤麻伊沙さん（総合研究大学院大学）や山口飛翔さん（京都大学）などの若手が長期調査を始めるなど、この島のサル研究はここ数年でずいぶん盛り返している。にぎやかな調査小屋に泊まるのは、久しぶりのことだった。夕食後、テーブルで一生懸命データを整理している大学院生を見ながら、私は自分が研究を志した大学生のころを思い返していた。

私はこれまで一貫して、フィールドでの素朴な疑問から着想を得て、それを生態学の関連項目に結び付ける、というスタンスで研究を続けてきた。この二〇年間、一つの場所で観察をベースにした研究にこだわってきたことに、私は強い誇りをもっている。本書で紹介したどの内容も、何度も通った金華山でサルを追っている最中に生まれたテーマであり、それぞれの仕事に強い愛着がある。サルのような、寿命の長い哺乳類は、条件を統制した実験ができないためにデータを集めるのが難しく、目に見える成果がなかなか出ない。大学院時代のゼミで何度も言われた通り、研究対象にサルを選んだのは無謀な挑戦だったかもしれない。しかし「動物が、サルが好き！」という単純な、しかし強い気持ちが、私をこの島にかじりつかせたのだ。サルを対象とした生態学という自分の居場所――生態学的にはニッチという――をつくることができたのは、教科書ではなく現場での長期にわたる観察があったからこそだし、野外でのリアルな経験が、研究者としてのぶれない心を養ってくれた。そして継続調査は、私に「環境の年次変化のデータ」という、強力な武器を与えてくれた。私は運にも恵まれた。博士課程でデータを集めているとき、大豊作と凶作が連続して起きなかったら、私は職を得るどころか、学位が取れていたかも疑わしい。大自然は、たとえ遠回りでもコツコツと取り組む人間にツキを回してくれる、大変ありがたいものらしい。

学問成立の歴史が関係しているのだが、わが国のサル研究者の間には「霊長類は人類進化解明のためのモデルである」という意識が強く、ある行動の説明に、生態学的要因よりも社会・系統学的な要因を重視する傾向があった。最近はその状況も変わりつつあり、生態学的要因をより重視する私の主張も、受け入られるようになってきた。二つの視点をバランスよく取り入れることにより、日本のサル研究は、より高い一般性をもつ学問となり、他分野の研究者との交流も活発になるはずだ。野生動物の暮らしを対象とした研究分野は「霊長類学」「哺乳類学」など、対象動物の名前でくくられることが多いが、本書で紹介したサルとシカの関係のように、生きもののつながりがしばしば系統を超えて成立することを考えれば、分類の垣根を取り払う努力も必要だ。一歩引いた立場からサルの暮らしを眺めることで、本来あるべき動物たちの営みを守るための提案や、私たちとサルとがうまくお付き合いするための提言ができるはずだ。

大震災から九年あまり。金華山周辺のインフラは修復が進み、神社関連施設の改修工事も本格化してきた。石巻市や女川町の人々は元の暮らしを取り戻しつつあるように見えるが、今後も息の長い支援が必要だろう。その中で、私たち研究者が被災地のためにできることは何だろうか。私は、それは研究を取り巻く状況が変わっても、たとえ震災への関心が薄れても、これまで通り調査に通い続けて地域とのつながりを維持すること、そして、研究を通じて明らかにした生きものの魅力を多くの方に伝え、金華山に、そしてこの地域に興味をもつきっかけを提供することだと思っている。

本書の原稿を書き上げつつあった二〇一九年一二月、私にとって、最高にうれしいニュースが飛び込んできた。二〇二〇年四月から、私は金華山に最も近い研究機関である、石巻専修大学に異動することが決まった。大変ありがたいことに、私はこれからもずっと、金華山でサルの研究を続けることができるようになったのである。これから始まる、生きものたちの謎ときの新たな展開が楽しみだ。

あとがき

私の研究歴は、金華山での調査歴とピタリと重なる。一九九九年、学部三年生の夏に金華山のサルと初めて出会ってから、今年で二一年。この島のサルとのお付き合いは、私のこれまでの人生のちょうど半分に達した。島に通った回数は、そろそろ一〇〇回近くになるだろう。私は縁あって大学に就職し、プロの研究者として食べていけるようになった。就職した当初は「思う存分、金華山のサルの研究をしてやるぞ!」と意気込んでいたのだが、海外での調査が始まったことや、大学の業務に時間を取られたことなどが重なり、この島に定期的に通うことが難しくなった。大学院生時代のような、島に住み込んでの長期の行動観察ができなくなってしまったのである。

金華山のサルと今後どう関わっていくべきか悩んでいた二〇一八年の秋、『日本のサル』(東京大学出版会、二〇一七)の編集で知り合った東京大学出版会の光明義文さんが、地人書館の塩坂比奈子さんに紹介の労をとってくださったことがきっかけで、本書の企画がスタートした。これまでの、私の金華山でのサル研究を振り返ってみよう、と考えたのだ。研究人生の節目に、大きなチャンスをくださったお二人に、深く感謝したい。塩坂さんは、読者代表として初稿の段階から忌憚のない意見を寄せてくださり、またわかりやすい文章表現について、多くのアドバイスをくださった。気持ちよく仕事をさせてくださった彼女にお礼を言いたい。

本書では、私の研究成果に加え、調査小屋に備え付けの連絡ノート『キヨシロウ日記』、フィールドノートのメモ書き、これまでの大学の講義や講演会の資料、関係者とやりとりしたメールの記録、そして私の記憶から手繰り寄せたエピソードを紹介した。私以外の研究者が行った研究については、できる限り金華山の事例を紹介したが、カバーしきれない分野については、他の調査地の知見を、とくに若手の研究成果から紹介した。サルの研究が、多くの大学院生たちの努力と情熱によって進められていることを知ってほしいと思ったからである。この本の執筆に合わせ、私は関係する論文や書籍を読み直した。大学の業務や、子供のケアの合間をぬってのバタバタした作業だったが、よい勉強になった。もし結果の読み取りや解説が不正確だったなら、それはもちろん、紹介した私の責任である。

大学生の頃「サルと一緒に過ごしたい」という単純な動機で調査を始めた私だが、研究を続ける中で、サルを中心とした生きもののつながりの解明に軸足が移っていった。本書では、生きもののつながりの重要性を、各所で強調した。動植物は、理由なくそこに生息しているのではなく、その分布や数、そして行動が他の生きものに何らかの影響を与え（時には影響を受け）、それが結果として全体のバランスを保っている。いくつもの偶然が積み重なって、今日の生きもののつながりが生まれてきたのだ。そのメカニズムの一部を少しずつ解明し、それを基にバランスの取れた環境を維持するための提言をすること。それが、研究者としての私の使命だ。

書き上げた原稿を読み返して、私の金華山でのサル調査が、多くの人々の支えの上に成り立っていることを実感した。紙面の都合で全員のお名前を挙げることはできないが、以下の方々に、とくに名を挙げて私の感謝を伝えたい。最初に、卒業研究から学位取得にいたるまで、一〇年近くにわたってご指導いただいた、麻布大学いのちの博物館の高槻成紀先生に。私が研究者として独り立ちできたのは、飲み込みの悪い私を見放さず、厳しくも粘り強く指導してくださった先生のおかげだ。「修士課程からはシカを研究します」という約束を反故にした不肖の弟子だが、先生の研究スタイルを霊長類の研究に持ち込み、新しい流れをつくったということで、どうかご容赦いただきたい。

続いて、宮城のサル調査会の伊沢紘生先生に。部外者の私が金華山のサルの調査に参画すること、そして調査小屋を使うことをお許しいただき、その後も様々な局面でサポートいただいた。理屈云々よりまずは研究対象をよく観察しろ、という先生の姿勢に、私は大きな影響を受けた。先生に倣って、フィールドで得た感覚をこれからも大切にしていきたい。

研究生活の当初から、親身に相談に乗っていただいた高槻研の先輩諸氏、とくに伊藤健彦博士（現・鳥取大学）と岡田あゆみ博士（現・北里大学）に。ときには夜が明けるまで研究の意義について議論し、研究にかける熱い気持ちを学び、幅広い知識を吸収できたことは、私の大きな財産だ。姜兆文博士（現・野生動物保護管理事務所）には、栄養分析でお世話になった。がさつな私が精度の高い分析を実施できたのは、姜さんが付きっきりで面倒を見てくださったおかげだ。

金華山A群を調査対象とする先輩として、常に助言いただいた中川尚史、杉浦秀樹（ともに現・京都大学）の両博士に。お二人は私に調査のノウハウを教えてくださっただけでなく、ときには共同研究者として、ときには私が書いた論文の手強い査読者として、私を鍛えてくださった。学生時代にぼろぼろになるまで読み返した『サルの食卓』（平凡社、一九九四）の著者である中川さんと一緒に仕事をする日が来るとは、夢にも思わなかった。今後も、お二人をはじめ関係者全員で金華山のサル研究を盛り上げていきたい。

調査小屋で多くの日々をともに過ごし、ともにトラブルを解決し、お酒を飲み、たわいもない話をし、時には私の愚痴を朝まで延々と聞いて励ましてくださった研究者・大学院生の皆さん、とくに南正人博士（現・麻布大学）、風張喜子博士（現・北海道大学）、大西信正さん（現・生態計画研究所）、樋口尚子さん（現・麻布大学）に。金華山で彼らと過ごした日々は、私の中でかけがえのない宝物になっている。年齢が近く、気の合うメンバーと過ごせることが、金華山調査の楽しみの一つだったのは否定できない。私は元来、社交的な人間ではない。できることなら部屋にこもって自分の世界にどっぷり浸かっていたいと日々考えている人間だ。しかし、フィールドワークとは、すなわち他者と交わることなのだ。動物の研究の世界に足を踏み入れて二〇年。自分で少し変わったな、と思うのは、他人に興味が出てきたことだろうか。人との交流の楽しさを教えてくれたのは、間違いなく彼らであった。

調査中にさまざまな便宜をはかってくださっただけでなく、私を見かけるたびに声をかけて励ましてくださった故奥海睦名誉宮司、奥海聖宮司、阿部真幸氏はじめ金華山黄金山神社の職員のみなさんに。私が何だかんだで食いっぱぐれることなく研究を続けていけるのは、三年続けてお参りした黄金山神社のご利益だと、私は固く信じている。

私がサルの研究をするきっかけになった、東京動物園ボランティアーズ・木曜班のみなさんと故正田陽一先生（東京大学名誉教授）、そして上野動物園の飼育関係者のみなさんに。彼らとの出会いがなければ、私はサルを研究対象として選んでいなかっただろう。木曜班の中心メンバーである永井和美さんには、本書の草稿を読んでいただき、内容に関するご意見をいただいた。学生時代から公私にわたって助けていただいた彼女には、とくに感謝の気持ちを伝えたい。

東京大学生物多様性科学研究室、麻布大学野生動物学研究室、そして京都大学霊長類研究所・社会生態部門のみなさんに。彼らにはゼミの議論を通じて研究を活性化させていただいた。本書で取り上げた研究の一部は、科学研究費補助金（若手研究B、基盤研究C）、住友財団基礎科学研究助成、京都大学霊長類研究所による助成を受けて実施したものである。川本芳博士、羽山伸一博士（ともに現・日本獣医生命大学）、橋戸南美博士（現・中部大学）、山端直人博士（現・兵庫県立大学）、島田将喜博士（現・帝京科学大学）、宇野壮春氏（東北野生動物保護管理センター）には、本書の記載内容を確認していただいた。素敵な写真をお借りした方々（巻末を参照）、サンプルの収集や分析にご協力いただいた学生諸君にも、この場を借りてお礼を言いたい。

研究一筋だった私も、ご縁あって人生のパートナーに出会い、二人の子供を授かることができた。母ザルがわが子を慈しむ気持ちは、わが子を抱っこして初めて理解できた気がする。妻の玲奈は、私の研究生活を支え続けてくれている。本書に関しては、読みやすい文章にするための助言をくれただけでなく、かわいい挿絵を描いてくれた。したがって、本書は二人の合作と言えるだろう。子供たちが大きくなったときに本書を見せて「お父さんは若いころにこういう仕事をしたんだよ」と話ができ

図 111　金華山で A 群のサル「ハロ」を観察する著者。

る日が来るのを楽しみにしている。父・和芳と母・和子は、私が研究の道に進むと宣言したとき、快く送り出してくれた。私の研究の核になっている種子トラップは、当時石巻に住んでいた父に、鮎川まで運んでもらったものだ。面と向かってお礼を言うのは照れ臭いので、この場を借りて感謝の気持ちを伝えたい。

そして最後に、私の青春のすべてが詰まった金華山で出会ったA群のサルたちに。君たちとのおつきあいがなければ、人との出会いも、研究の世界の広がりも、そして今の私もなかっただろう。「どうもありがとう。そして、これからもよろしく！」（図111）

二〇二〇年三月　春の気配を感じる犬山にて

辻　大和

・辻大和，和田一雄，渡邊邦夫（2011）「野生ニホンザルの採食する木本植物　付記：ニホンザルの食性研究の今後の課題」，『霊長類研究』，27（1）：27-49.
・辻大和，和田一雄，渡邊邦夫（2012）「野生ニホンザルの採食する木本植物以外の食物」，『霊長類研究』，28（1）：21-48.

10章

・Hayama S., Nakiri S., Nakanishi S., Ishii N., Uno T., Kato T., Konno F., Kawamoto Y., Tsuchida S., Ochiai K., Omi, T.（2013）Concentration of radiocesium in the wild Japanese monkey（*Macaca fuscata*）over the first 15 months after the Fukushima Daiichi nuclear disaster. *PLOS ONE* 8（7）：e68530.
・Ochiai K., Hayama S., Nakiri S., Nakanishi S., Ishii N., Uno T., Kato T., Konno F., Kawamoto Y., Tsuchida S., Omi T.（2014）Low blood cell counts in wild Japanese monkeys after the Fukushima Daiichi nuclear disaster. *Scientific Reports* 4: 5793.
・三戸幸久・渡邊邦夫（1999）『人とサルの社会史』，東海大学出版会.
・室山泰之（2017）『サルはなぜ山を下りる？　野生動物との共生』，京都大学学術出版会.
・Sengupta A., McConkey K. R., Radhakrishna S.（2015）Primates, provisioning and plants: impacts of human cultural behaviours on primate ecological functions. *PLOS ONE* 10（11）：e140961.
・辻大和，滝口正明，葦田恵美子，大井徹，宇野壮春，大谷洋介，江成広斗，海老原寛，小金澤正昭，鈴木克哉，清野紘典，山端直人（2018）「野生ニホンザルが加害する農作物・林産物」，『霊長類研究』，34（2）：153-159.

イラスト・写真提供者一覧（敬称略）

・本文イラスト

図 50, 71, 82, 88, 89 : 辻玲奈

・口絵写真

p.1 上段，中段右：風張喜子／下段：松原幹
p.4 上段：宇野壮春

・本文写真

図 1: 宇野壮春／図 2: 永井和美／図 3b, 111: 高槻成紀／図 9, 63: 松原幹
図 10, 18, 47: 風張喜子／図 39, 69: 南正人／図 41, 57a: 大西信正／図 49: Islamul Hadi
図 60: Andrew J. J. MacIntosh ／図 61: Alexander D. Hernandez
図 65b, 65d, 68, 70: 樋口尚子／図 76a: 中本敦／図 99: 鈴村崇文／図 106: 菅原直也
図 107a: Asmita Sengupta ／図 107b: Hsiu-Hui Su ／図 108: 池田文隆／図 109c: 羽山伸一
※これ以外の写真は著者が撮影したものである。

・辻大和（2008）「霊長類と他の動物の混群現象についての研究の現状」，『霊長類研究』，24（1）：3-15.
・Tsuji Y., Shimoda-Ishiguro M., Ohnishi N., Takatsuki S.（2007）A friend in need is a friend indeed: feeding association between Japanese macaques and sika deer. *Acta Theriologica*, 52（4）：427-434.

8章

・Kitamura S., Yumoto T., Poonswad P., Chuailua P., Plongmai K., Maruhashi T., Noma N.（2002）Interactions between fleshy fruits and frugivores in a tropical seasonal forest in Thailand. *Oecologia* 133（4）：559-572.
・McConkey K. R., Brockelman W. Y.（2011）Nonredundancy in the dispersal network of a generalist tropical forest tree. *Ecology* 92（7）：1492-1502.
・寺川眞理，松井淳，濱田知宏，野間直彦，湯本貴和（2008）「ニホンザル不在の種子島におけるヤマモモの種子散布効果の減少」，『保全生態学研究』，13（2）：161-167.
・Tsuji Y.（2014）Inter-annual variation in characteristics of endozoochory by wild Japanese macaques. *PLOS ONE*, 9（10）：e108155.
・Tsuji Y., Morimoto M., Matsubayashi K.（2010）Effects of the physical characteristics of seeds on gastrointestinal passage time in captive Japanese macaques. *Journal of Zoology*, 280（2）：171-176.
・Tsuji Y., Morimoto M.（2016）Endozoochorous seed dispersal by Japanese macaques（*Macaca fuscata*）：effects of temporal variation in ranging and seed characteristics on seed shadows. *American Journal of Primatology*, 78（2）：185-191.
・Tsuji Y., Sato K., Sato Y.（2011）The role of Japanese macaques（*Macaca fuscata*）as endozoochorous seed dispersers on Kinkazan Island, northern Japan. *Mammalian Biology*, 76（5）：525-533.
・Tsuji Y., Su H. H.（2018）Macaques as seed dispersal agents in Asian forests: a review. *International Journal of Primatology*, 39（3）：356-376.

9章

・Takasaki H.（1981）Troop size, habitat quality, and home range area in Japanese macaques. *Behavioral Ecology and Sociobiology* 9（4）：277-281.
・Tsuji Y.（2010）Regional, temporal, and interindividual variation in the feeding ecology of Japanese macaques. In: Nakagawa N., Nakamichi M., Sugiura H.（Eds.）*The Japanese Macaques*. Springer, Tokyo. pp. 99-127.
・辻大和（2012）「ニホンザルの食性の種内変異――研究の現状と課題――」，『霊長類研究』，28（2）：109-126.
・Tsuji Y., Hanya G., Grueter C.C.（2013）Feeding strategies of primates in temperate and alpine forests: a comparison of Asian macaques and colobines. *Primates*, 54（3）：201-215.
・Tsuji Y., Ito T.Y., Wada K., Watanabe K.（2015）Spatial patterns in the diet of the Japanese macaque, *Macaca fuscata*, and their environmental determinants. *Mammal Review*, 45（4）：227-238.

参考文献・書籍

全体を通じたもの

・伊沢紘生（2009）『野生ニホンザルの研究』，どうぶつ社．
・Nakagawa N., Nakamichi M., Sugiura H.（Eds.）（2010）*The Japanese Macaques.* Springer, Tokyo.
・辻大和・中川尚史（編著）（2017）『日本のサル』，東京大学出版会．

2章

・環境省自然環境局生物多様性センター（2004）哺乳類分布調査報告書.
・大井徹・増井憲一（編著）（2002）『ニホンザルの自然誌——その生態的多様性と保全』，東海大学出版会．

3章

・Tsuji Y., Takatsuki S.（2004）Food habits and home range use of Japanese macaques on an island inhabited by deer. *Ecological Research,* 19（4）: 381-388.

5章

・Tsuji Y., Fujita S., Sugiura H., Saito C., Takatsuki S.（2006）Long-term variation in fruiting and the food habits of wild Japanese macaques on Kinkazan Island, northern Japan. *American Journal of Primatology,* 68（11）: 1068-1080.
・Tsuji Y., Takatsuki S.（2009）Effects of yearly change in nut fruiting on autumn home-range use of Japanese macaques on Kinkazan Island, northern Japan. *International Journal of Primatology,* 30（1）: 169-181.

6章

・Iwamoto T.（1988）Food and energetics of provisioned wild Japanese macaques（*Macaca fuscata*）. In: Fa J. E., Southwick C. H.（Eds.）*Ecology and Behavior of Food-Enhanced Primates Groups,* Alan R. Liss, Inc., pp. 79-94.
・Saito C.（1996）Dominance and feeding success in female Japanese macaques, *Macaca fuscata*: effects of food patch size and inter-patch distance. *Animal Behaviour* 51（5）: 967-980.
・Tsuji Y., Kazahari N., Kitahara M., Takatsuki S.（2008）A more detailed seasonal division of the energy balance and the protein balance of Japanese macaques（*Macaca fuscata*）on Kinkazan Island, northern Japan. *Primates,* 49（2）:157-160.
・Tsuji Y., Takatsuki S.（2012）Interannual variation in nut abundance is related to agonistic interactions of foraging female Japanese macaques（*Macaca fuscata*）. *International Journal of Primatology,* 33（2）: 489-512.

7章

・Hamada A., Hanya G.（2016）Frugivore assemblage of *Ficus superba* in a warm-temperate forest in Yakushima, Japan. *Ecological Research* 31（6）: 903-911.

索引

著者紹介

辻 大和（つじ・やまと）

1977年、北海道生まれの富山県育ち。東京大学農学部卒業、東京大学大学院農学生命科学研究科修了（農学博士）。麻布大学特別研究員、京都大学非常勤研究員、京都大学霊長類研究所助教、中京大学非常勤講師を経て、現在石巻専修大学准教授。

生息環境の長期的な変動と野生霊長類の採食行動・土地利用の関係、異種間の混群、種子散布について研究している。本書で解説した金華山を皮切りに各地のサルの生態を調査したあと、アフリカでの調査を経て東南アジア（主にインドネシア）に調査範囲を広げている。主な研究対象は、霊長目のニホンザルとジャワルトン、食肉目のニホンテン、そして皮翼目のマレーヒヨケザル。著書に『日本のサル』（編著、東京大学出版会、2017年）、『The Japanese Macaques』（分担執筆、Springer、2010年）、『シリーズ フィールド科学の入口：食の文化を探る』（分担執筆、玉川大学出版会、2018年）などがある。

与えるサルと食べるシカ
――つながりの生態学――

2020年7月15日　初版第1刷

著　者　辻　大和
発行者　上條　宰
発行所　株式会社 地人書館
〒162-0835　東京都新宿区中町15
電話　03-3235-4422
FAX 03-3235-8984
郵便振替 00160-6-1532
URL　http://www.chijinshokan.co.jp/
e-mail　chijinshokan@nifty.com
編集制作　石田　智
印刷所　モリモト印刷
製本所　カナメブックス

ISBN978-4-8052-0942-4 C1045

●好評既刊

消えゆく砂浜を守る
海岸防災をめぐる波との闘い
コーネリア・ディーン 著
林 裕美子・宮下 純・堀内宣子 訳
四六判／四五六頁／本体三六〇〇円(税別)

海岸侵食が進み，世界各地で砂浜が消失の危機にある．本書は米国のジャーナリストが丁寧な取材のもとに，砂浜の消失や海岸侵食は護岸壁や突堤等の人工構造物に起因することを明らかにしていく．ハリケーン等の海岸災害との闘いの歴史から人間社会と海との共生を問い，砂浜保全の重要性と緊急性をいち早く訴えた名著．

絶滅危惧種の生態工学
生きものを絶滅から救う保全技術
亀山 章 監修／倉本 宣 編著
A5判／二四八頁／本体二八〇〇円(税別)

絶滅危惧種を絶滅危惧でない状態にすること，それが本書の究極の目的である．生きものの存在が可能となる環境やランドスケープの構築を目指す応用学である生態工学に基盤を置き，保全や再生の実務に携わる研究者たちが，絶滅危惧種の保全技術を体系的に取り上げ，典型的な事例と生態工学的なポイントを紹介する．

本の索引の作り方
藤田節子 著
A5判／一七六頁／本体二〇〇〇円(税別)

著者，編者，出版社の編集者，索引作成専門家などが，日本語の本（学術書，教科書，実用書，マニュアルなど）の索引を作成する際に必要となる，実務的な知識と技術を示した．印刷媒体の本だけではなく，電子書籍などにおいても使用できる．情報探索の基本でもある本の索引について，ひと通りの知識が得られる教科書．

さらば健康食神話
フードファディズムの罠
アラン・レヴィノヴィッツ 著／ナカイサヤカ 訳
四六判／三八四頁／本体三〇〇〇円(税別)

グルテンフリーダイエットや，砂糖や塩，脂肪，グルタミン酸ソーダの危険性など，食べ物について広く信じられている「ニセ科学」．それを「伝説」や「神話」とみなし，嘘を見抜き，だまされないための処方箋を提供する．食物不安の呪縛から解き放たれ，食を楽しもう，真に健康的な生活をしようと呼びかける．

●ご注文は全国の書店、あるいは直接小社まで

㈱地人書館　〒162-0835 東京都新宿区中町15　TEL 03-3235-4422　FAX 03-3235-8984
E-mail=chijinshokan@nifty.com　URL=http://www.chijinshokan.co.jp